一生受用的墨菲定律

杜若 著

中国纺织出版社

内 容 提 要

墨菲定律，看起来像是“倒霉定律”：怕什么，来什么。然而，也正是因为它的存在，才提醒我们：做任何事情之前，都要尽可能地想得周到、全面一点。人永远不可能成为上帝，妄自尊大忽视了错误发生的可能性时，就会遭受到惩罚；如果能够承认自己的无知，墨菲定律会帮我们防患于未然。

图书在版编目（CIP）数据

一生受用的墨菲定律 / 杜若著. —北京：中国纺织出版社，2019.5
ISBN 978-7-5180-5915-7

Ⅰ.①一… Ⅱ.①杜… Ⅲ.①成功心理—通俗读物 Ⅳ.①B848.4-49

中国版本图书馆CIP数据核字（2019）第020401号

策划编辑：郝珊珊　　责任印制：储志伟

中国纺织出版社出版发行
地址：北京市朝阳区百子湾东里A407号楼　邮政编码：100124
销售电话：010—67004422　传真：010—87155801
http：//www.c-textilep.com
E-mail：faxing@c-textilep.com
中国纺织出版社天猫旗舰店
官方微博http://weibo.com/2119887771
三河市延风印装有限公司印刷　各地新华书店经销
2019年5月第1版第1次印刷
开本：710×1000　1/16　印张：13
字数：118千字　定价：42.80元

凡购本书，如有缺页、倒页、脱页，由本社图书营销中心调换

前言

什么是墨菲定律?

1949年，毕业于西点军校的航空工程师爱德华·A.墨菲，到爱德华兹空军基地参与美国空军高速载人工具火箭雪橇MX981发展计划。为了研究人到底能够承受多大的超重压力，他和同事们一起进行了试验。

其中有一个试验是，把一套16个精密传感器装在超重实验设备上，然后加压，只要传染器没有发出警报，就可以不断加压。可是，超重实验设备在巨大的压力下都变形了，传感器的指针竟然一点都没动。经过检查后才发现，负责装配的同事把这16个传感器全都装反了!

沮丧的墨菲，不经意间跟同事说了一句玩笑话：“如果一件事情有可能出错，让他去做就一定会弄错。”后来，墨菲的上司斯塔普在试验任务完成后的一次记者招待会上，对墨菲的话用极为简洁的方式做了重新表述，并将其称之为“墨菲定律”，他说：“凡是可能出岔子，就一定会出岔子。”这，就是墨菲定律的来历。

墨菲定律不只是一个笑谈，它充斥在我们的生活中的各个角落:

你着急赴约，想打个出租车，却发现街上所有的出租车不是载着客人，就是不理会你的招手；当你闲逛时，却发现不少的空车在你周围游弋，随时等着召唤。

你工作很认真，偶然的一天，在工作之余开了一个小差，其实也没

有真的偷懒，结果却偏偏被老板撞个正着，被误会成“不务正业”，无论怎么解释听起来都像是狡辩。

你的衣服里装着两把钥匙，一把是房间的，一把是汽车的，想拿出汽车钥匙的时候，往往拿出来的就是房间钥匙。

墨菲定律犹如一个神秘的幽灵，不时地捉弄人，让人懊恼烦躁。然而，我们苦心费力地去探讨这个“讨厌的家伙”，就只是为了证明它的存在吗？它对生活有没有积极的意义呢？

答案是肯定的。墨菲定律不是一个强调人为错误的概率性定理，而是阐述了一种偶然中的必然性。它提醒我们：容易犯错是人类与生俱来的弱点，任何时候都不要心存侥幸，那些不起眼的小概率事件，同样值得谨慎对待。要是一不留神，真的发生了不幸或损失，也要学会笑着应对，努力去总结所犯的错误，而不要企图掩盖它。

墨菲定律不可怕，可怕的是不能正确理解、积极对待。当你开始正视它的存在，在生活中多一分清醒和理智，不再轻视任何一种结果发生的可能性，墨菲定律就会把智慧的钥匙交到你的手上，让你受用一生。

目 录

篇4

生活：放弃侥幸心理，没有什么事是绝对的

篇5

社交：深谙人心，掌控交际的主动权

篇 1

人性：
每个人都有无法摆脱的心理弱点

认为别人是什么样的人，往往自己就会成为那样的人

心理学中有一个著名的猩猩实验：

把两只猩猩放到两间安装了很多镜子的房间里。一只猩猩性情温和，它刚走进房间，就友善地对待镜子里的“同伴”，它发现那个“同伴”也很友善，于是很快就跟这些新伙伴闹成一团，相处得很融洽。三天之后，当研究人员把它从实验室里牵走的时候，它还有些恋恋不舍的。

另一只黑猩猩性情暴躁，从刚进入房间开始，它就被这些同类狰狞的

面目激怒了，它与这些同类疯狂地厮杀。三天之后，当研究人员将它从实验室里牵出的时候，它心有不甘，气急败坏，不久便心力交瘁而死。

外在的世界就是一面镜子，透过他人的言行、态度，我们可以看到真实的自己。换句话说，你一直认为别人是怎样的人，你就会成为那样的人。你如何对待别人，别人也会如何对待你。

一个面包师经常从邻居那里买黄油。有一次，他觉得本应该3磅（1磅=0.4536千克）重的黄油好像轻了不少，心里有点不平衡，就开始定期称量黄油。结果，他发现每一次黄油的分量都不够。这让面包师很生气，原来自己一直多付了钱。一气之下，他到执法机构告发了邻居。

法官问邻居："你没有天平吗？"

邻居老实回答："有的，法官先生，我有一架天平。"

法官又问："那砝码准吗？"

邻居信誓旦旦地说："不，法官先生，我不需要砝码。"

大家都很好奇："没有砝码，你怎么称黄油呢？"

邻居说："很简单。你看，面包师每次从我这里买黄油的时候，我也会从他那里买相同重量的面包。于是，我每次就用这些面包来做砝码。"

听完这些，没有人想要处罚那位邻居了，而面包师却不得不接受法官的处罚。

善待他人，其实就是善待自己。

再怎么聪明的人，也无法避免做愚蠢的事

提起愚蠢，恐怕没有人愿意与之沾边，都是拼了命地想要躲远一点。但有一个事实，我们必须得正视，那就是每个人的骨子里都有愚蠢的成分，每个人都有愚蠢的时候。

过去你可能会认为，天才和愚蠢的差异在于智力。但其实，他们最大的区别在于，天才的人有一定的局限性，而愚蠢的事却是无边的。不管多么离谱和违反常识的事情，都有人做得出来，绝对令你瞠目结舌。

一个名叫西尔维斯特·希里奇德尔（Sylvester—Briddell）的年轻人，朋友跟他打赌说，他肯定不敢拿着上满4发子弹的左轮枪对着自己的嘴，并扣动扳机。这样的事情，不就是自杀吗？还有必要打赌吗？然而，这位“勇敢”的年轻人，竟然真的这么做了！

一位亚利桑那人开枪打伤了自己。这样的事情，生活中也是有的，并不罕见，多半都是为了呼救。可你肯定想不到，这位受伤的人又开了一枪，且打在了自己的另一条腿上！

马克（Mark）在一条公路上目睹了一场车祸，那可不是一般的车祸。一对年轻的夫妻吵架，因为一时气愤，居然把不足周岁的孩子扔到了窗外。等到他们停下车想回去捡孩子的时候，扔出去的孩子已经被后面疾驰而过的车碾压了，完全没了生命迹象。

还有47岁的保罗·斯蒂尔（Paul—Stiller），凌晨两点钟跟妻子开车瞎逛，俩人都觉得很无聊，就想找点乐子。他点燃了一包炸药，想看看扔出窗外会怎么样？很遗憾，他们没有看到，因为兴奋至极忘记了打开车窗。

看到这些事情，你是否会嘲笑他们愚蠢？甚至觉得不可思议？这就是墨菲定律说的，愚蠢不可避免，且太让人不可思议。其实，我们在生活中也会不时地做出蠢事，比如慌乱时、生气时、无聊时、受到挑衅时……都可能一时失控，做出不符常理的事情。

偶尔的愚蠢不可怕，可怕的是常常愚蠢，甚至无休止地愚蠢下去。凭借个人的理性和心智，也许无法做到完全摆脱愚蠢，但我们起码要经常提醒自己，理智再理智，努力地减少愚蠢，让人生少点儿遗憾。

别人的缺点显而易见，自己的缺点视而不见

你有没有发现一个问题？当我们放眼环顾四周的时候，基本上不用费什么力气。可当我们想看看自己，就得去找面镜子，否则根本看不到自己。这是人体的生理结构决定的，但在心理方面，也有类似的情况。

每个人都有缺点，这是毋庸置疑的事实。对于别人身上的缺点，我们总能轻易且准确地抓住，可对于自己身上的缺点，却是很难发现。这就跟擦玻璃一样，不干净的总是在另外一面。

为什么人都不愿意看到自己的缺点呢？

从心理上来讲，无论一个人是否谦卑，在评价他人的那一刻，总有一个潜在的前提，那就是“我是完美的参照物”。可谁都知道，世间不存在完美的人。鉴于此，我们就开始拼命地隐藏自己的短处，不敢正视自己的缺点。发现别人的不足，会让人产生一种高于他人的优越感；可若承认自己的缺点，就会产生一种低于他人的自卑感，谁也不愿意体验这种滋味。

生活中，有一些人就特别喜欢给人挑刺，他们自己无法做到十全十美，却要求别人尽善尽美。他们总希望用他人的错误来证明自己的聪明，希望从挑剔中得到满足。要知道，提高自己并不需要贬低别人，获取他人的信任也无须中伤其他人。

有个成语叫目不见睫，说的是，人的眼睛，能见山峰之远，能视秋毫之细，却独独看不见眼前的睫毛。要知道，这并不是什么好事。一个人看不到自己的缺点，才是最大的缺点，因为没有办法认清自己，也就无法提升自我。

我们要学会把自己放在不同的环境中，与人与事参照，经常分析鉴别，从思想深处切实地把看人与省己结合起来。唯有这样，才能认识自己，克服不足，成为更好的自己。

犯错之后，总想让人觉得错误不是自己造成的

在为人处世的问题上，我们一直被灌输“严于律己，宽以待人”的思想。可是，真正能够做到的人，寥寥无几。犯错之后，多数人都会为自己找理由开脱，让人觉得所有的错误不是他导致的，而是别人造成的。有些错误是很明显的，但犯错的人依然会辩解。

一个工作出错的员工说：“要不是老板整天在我耳边啰唆，我也不会因为分心算错数据。”

一个偷了别人东西被抓现行的小偷说：“如果不是生活所迫，谁愿意做这样的事情啊！”

一个打劫富人的强盗，在被抓后竟然说："我这是劫富济贫，跟古代的侠客没什么区别。"真令人汗颜，他所抢夺的人家的财富都是来路正当，用汗水和智慧换来的，而他却把打劫来的钱财用在了赌场上，竟还不觉自己有错。

一个杀人犯在被捕后，不仅没有忏悔之意，还理直气壮地大喊："他们活该，都是他们逼我的，如果他们不逼我，我不会杀了他们，这是他们应有的下场！"

一个拐卖儿童的人贩子被抓后说："我是看那些没孩子的人可怜。"

听听，无论是小错还是大错，都成了事出有因，似乎全是别人造成的，与肇事者毫无干系。那么，为什么人都不愿意承认错误呢？

这就牵扯到了一个普遍的心理。人们通常认为，犯错就应该接受惩罚，可当这个惩罚的对象变成自己的时候，都会本能地趋利避害，找借口辩解，避免惩罚，甚至把责任推给别人，死不承认。有些人自尊心太强，不允许自己出错，担心这样会影响自己的形象。还有的人是因为自卑，害怕犯错被人看不起，所以才不敢承认。

没有人愿意犯错，但也没有人能避免犯错。犯错没什么可怕的，重要的是肯承认错误。美国田纳西银行前总经理特里说过一句话："承认错误是一个人最大的力量源泉，因为正视错误的人将得到错误以外的东西。"

承认错误不是什么丢脸的事，从某种意义上来讲，它还是一种具有"英雄色彩"的行为。要知道，错误承认得越及时，越容易得到改正和补救。而且，自己主动认错远比别人提出批评后再认错，更能得到他人的谅解。只要不是触犯法律等严重的犯罪，一次错误并不会毁掉我们今后的道路，真正毁掉一个人的，是不愿意承担责任、不愿意改正错误的态度。

我们能宽容自己讨厌的人，却无法原谅讨厌自己的人

大千世界，纷繁复杂。人与人之间有着千差万别，我们不可能喜欢所有人，也不可能让所有人都喜欢自己。活在世上，我们总会不可避免地讨厌一些人，也被一些人讨厌着。但为了生存，又不得不跟自己所讨厌的人、讨厌自己的人相处。

原本关系就不是很融洽，遇到分歧争议的概率就更大了。倘若真碰到了不愉快的事，几经沟通之后，我们往往能够宽容那些自己讨厌的人，却很难原谅那些讨厌自己的人。

仔细想想，结合自己的生活经历，你可能也会发现这样的事实。但是，很多人难以理解，明明都是与“讨厌”相关的，都是与自己相处不太愉悦的人，为何在处理纠葛时，选择和感受截然不同呢？这还要从两种“讨厌”的心理意义来进行讨论。

从心理学上分析，我们之所以讨厌某个人，是因为他身上有一些自己难以忍受的缺点，或是他们的相处方式让我们感到不舒服，亦或者给自己留下了很不好的第一印象。这些缺点和问题影响了我们，让我们感到不愉快，但这毕竟不是我们自身的问题，因而不会给我们造成长期的困扰。所以，原谅他们就显得容易一些，甚至有些问题在相处久了之后会自动消除。与此同时，当我们原谅对方的时候，也会觉得自己的品行

修养够好，会萌生一种优越感和愉悦感。

对于那些讨厌我们的人，情况就不一样了。我们会打心眼里认为，他们是故意跟自己过不去，故意抓着自己的短处和缺点不放，总在无情地否定我们，不考虑我们的感受和尊严，刺痛了我们的内心，打破了我们的心理防御，让我们的缺点和问题暴露出来，长期忍受着折磨。有时，我们甚至会猜测，他们在暗中说我们的坏话，因而更是厌恶有加。所以，在跟这些人发生矛盾后，要选择原谅就变得很难。

解释之后，你可能也会发现，讨厌的原因大部分都是主观的。在遇到对峙的问题时，我们其实要冷静、理智一点，先判断一下对方是不是存在误会，然后再确认对方说的是否属实。如果问题在于自己，就要反思如何改正；如果问题是子虚乌有的，那也不必接别人扣来的帽子。这样的话，就不会因为自己被他人讨厌而感觉受到了多大的伤害。

自欺欺人的时候，没有人觉得自己是骗子

哈佛大学商学院心理学家佐伊·常思做过一个实验：

他找了23名男士作为被试，在他们面前摆放了自己制作的加茂体育杂志。一种杂志包含的范围很广，而另一种侧重于特写文章。教授每次都会更换杂志的内容和封面，让男人们挑选其中最喜欢的。

结果显示，无论内容如何，男人们都会一致地挑选泳装封面。他们的说法各不相同，有的说这本杂志内容涉及的内容广泛，有的说这本杂志的文章写得好，却总是刻意回避自己对泳装封面没有抵抗力这一点。但事实显而易见，他们不过都是在找借口而已。

佐伊·常思教授还做过另外一个实验：

这一次的被试者是76名学生，他让这些学生参加一轮数学测验，总测评分有两个，一是模拟试卷，二是真实考试。在模拟考试时，教授故意在一半学生的下方给出答案，引诱这些人作弊。然后，根据模拟的成绩，让学生对自己的真实考试成绩进行预估。当然，在真实的考试中，是绝对不会给出答案的，且题量更多。

结果表明，虽然学生们知道在真实的考试中不可能会提供答案，但他们还是高估了自己的成绩。没有答案的学生，估计自己在真实考试中的正确率在72%以上，而有答案的一组则认为自己的正确率能够达到81%。

有人认为，可能作弊组的学生本身能力较高，但结果并非如此。真实的考试成绩出来后，这两组学生的平均成绩是持平的。这就是说，在模拟考试中得到的高分，让作弊组的学生对自己充满信心，幻想自己在真实的考试中也会表现得这样好，但实际上他们是在自欺欺人。

后来，教授又进行了改动版的实验。被试者是一组新的志愿者，他们被告知，估分正确的人能够获得20美元的奖金。虽然有奖金作为诱惑，但被试者依然高估了自己的成绩。这就证明，即便有奖励刺激，他们依然没有摆脱自欺欺人的枷锁。

结合这一系列的实验，佐伊·常思总结说："我们对于真实世界的认知是带有自我欺骗性的，这种社会认知又加强了我们的自我欺骗，因此这个事实很难被意识到。"

看看我们生活中的一些实例吧！学历造假、论文剽窃、虚报业绩，"作弊者"比比皆是。有意思的是，人们觉得这些人会活在惊恐之中，但常思的研究却告诉我们，这些人根本不觉得自己在作弊，用他的话来说："我们的发现，证实了人们不仅无法公正对待自己不道德的行为，甚至会根据这些不道德行为带来的正面结果而自视甚高。"

自欺欺人的那一刻，无论自己是否意识到这种行为带有作弊性质，但有一个事实不容置疑，那就是看起来完美无缺的借口，往往一出口就会被人抓住把柄，到头来骗过的人只有自己。也许，这种做法有时能够给你带来一些好处，可到了真正需要亮出实力的时候，还是要凭自己的真本事。如果看不清自己的状况，依旧沉浸在自欺欺人中，那也只能自食其果。

每个人都习惯用自己的标准去衡量世界

美国历史上最出色的政治家之一安德鲁·杰克逊，曾经在1837年出任美国总统。当他的妻子去世后，杰克逊对自己的健康状况变得格外担忧，因为家里已经有好几个人都死于瘫痪性中风了。杰克逊认定，他也会死于同样的症状，很长时间都被笼罩在这个阴影之下，恐慌不安。

有一天，他去朋友家做客，与一位年轻的女士下棋。突然，杰克逊的手垂了下来，整个人看起来非常虚弱，脸色发白，呼吸沉重。

朋友走到他身边后，听到他乏力地说："最后还是来了，我得了中风，整个右侧瘫痪了。"

朋友问："你是怎么知道的呢？"

杰克逊说："刚才，我在右腿上捏了好几次，可是一点感觉都没有。"

这时，和杰克逊一起下棋的女士说："先生，您刚才捏到的是我的腿啊！"

是不是觉得挺荒谬的？不只是一个垂垂老矣的人才会因为恐慌出现这样的错误，这样的情况在每个人身上都会存在，不过是表现形式和程度不同罢了。从心理学上讲，每个人都会受到一种"记忆的自我参照效应"的影响，也就是说，我们在接触到与自己有关的信息或事情时，最不可能忽视或出现遗忘。

美国一家大公司的日常开销很大，公司经理为了减低成本，想出了一个办法。他雇用了一位长相冷峻、资历很深、有会计经验的人来“助阵”，他让这位会计师坐在前面有玻璃窗的办公室里。这样，他就能够看到前面办公的所有员工。公司经理对所有的员工说：“他是被雇来检查所有的费用账簿的。”

每天早晨，公司职员都会把一叠费用账簿摆在他们的办公桌上。到了晚上，他们又把这些账簿拿走交给会计部门。然而，这位被请来的会计师压根就没有翻看过那些账簿，但是所有的员工都不知道这回事。

奇迹出现了，在会计师来公司“检查”账簿的一个月里，公司所有费用的开支都降低至原来的80%。可是，这家公司请来的会计师每天并没有检查账簿。那究竟是什么在发挥作用呢？

其实，还是自我参照效应。公司请会计师这一客观事实，引起了公司人员的神经冲动，开始产生心理活动，感知到“检查”，对“检查”作出整体反映，就是要自律，不能胡乱开支。

在人际交往中，我们也会受到自我参照效应的影响。比如，在选择朋友的时候，总是从自我感觉出发，人人都喜欢跟符合自己标准的人交往，对感觉不好的人自动屏蔽。这是一种本能的反应，但有时也很容易形成偏见。

吃不着葡萄说葡萄酸，吃了柠檬就说柠檬甜

伊索寓言里有这么一个故事：一个狐狸走过葡萄园，看着鲜美多汁的葡萄，不禁停住了脚步。饥肠辘辘的它，很想吃葡萄。可它试着往前跳，伸手够葡萄，却怎么都不成功。一连好几次，它都以失败告终。最后，狐狸放弃了，离开果园的时候，一边走一遍念叨：“这葡萄肯定是酸的，就算摘到了也没法吃。”

正要摘葡萄的孔雀，听到了狐狸的话，心想："既然是酸的，那就不吃了。"孔雀又告诉准备摘葡萄的长颈鹿，长颈鹿又告诉了树上的猴子。结果，猴子说："我每天都吃这儿的葡萄，甜着呢！"说着，就摘了一串吃了起来。

生活中，你有没有过和狐狸一样的心态呢？比如，明明很想买一栋房子，买一辆车，却因资金不足无法实现，就安慰自己："买房子还得背负贷款，买车还得保养，不买反倒省心，过得轻松呢！"没有找到男女朋友，在看到别人秀恩爱时，就安慰自己说："一个人多好呀，自由自在。"这种"吃不着葡萄说葡萄酸"，究竟是什么心理呢？

1959年，美国心理学家利昂·费斯汀格提出了认知失调论，即一个人的行为与自己先前一贯的对自我的认知产生分歧，从一个认知推断出另一个对立的认知时而产生的不舒适感、不愉快的情绪。这里的"认知"指的是任何一种知识的形式，包含看法、情绪、信仰，以及行为等。

说白了，就是人类心理防卫功能的一种。我们总希望自己的心理处于平衡状态中，但生活中总有一些东西是求而不得的，此时就会出现认知失调。为了重新达到心理平衡的状态，我们必须想办法去降低目标的诱惑性，或是转移自己的注意力。

与酸葡萄心理对应的，还有一种甜柠檬心理，也就是对于得到的东西，尽管不喜欢或不满意，也坚持认为是好的。比如，买了一双鞋子，回来后觉得价格贵了，颜色也不如意，可跟别人说起的时候，还是会强调这是最流行的款式，质地精良，价格贵点也值得。再如，明明知道自己的男朋友有不少的缺点，平日里也对他不满，可在别人面前，还是要夸奖男朋友的优点。

其实，这两种心理就证实了，人们对于已经发生的不满意或不好的事情，倾向于通过自我安慰，把事情造成的不愉快等消极影响减轻。通过这个定律，我们也会发现，对于同样一件事，如果从不同的角度去看，结论就不同，心情也会不一样。

任何事情都有消极的一面和积极的一面，你想让自己开心的话，总能找到理由让自己开心；你要不想让自己开心，总有各种悲摧的东西跟你纠缠不清。所以说，快乐和不快乐都是自找的。

看热闹的人越多，救助行为出现的概率越小

1964年，纽约的郊外某公寓前，发生了一起震惊全美的凶杀案。

凌晨三点钟的时候，一位年轻的酒吧女经理被一个杀人犯杀死。女经理喊叫的时间长达半小时，附近住户中有38人看到或听到女经理被刺的情况和反复的呼救声，却没有一个人提供帮助，也没有一个人及时给警察打电话。

此事一经传出，美国大小媒体一同谴责纽约人的异化和冷漠。

其实，这样的事情不只出现在美国，可以说它是一种相当普遍的社会现象，可以出现在任何国家、任何地方。那么，真的是人心冷漠吗？在那件凶杀案被报道后，有两位年轻的心理学家说出了不一样的看法。为了证明自己的假设，他们还专门设计了一个实验。

他们让一位被试者在大街上模拟癫痫发作，当只有一位旁观者在场时，病人得到救助的概率是85%，而当有四个旁观者时，他得到帮助的概率就降低到了31%。

在另外的一次实验中，他们让一座建筑屋的门底冒烟，只有一个人的时候，这个人报警的概率有75%；在同样的冒烟事件中，如果看到冒烟的是三个人，报警的概率会降到38%。

通过这些实验，两位心理学家从社会心理学角度重新作出解释，让

人们对此类事件也有了全新的认识：在出现紧急情况时，由于其他目击者在场，使得每一位旁观者都无动于衷，这叫作旁观者介入紧急事态的社会抑制，他们更多的是在观察其他旁观者的反应。

通常，我们都会认为，人多力量大。出现问题的时候，人多了自然好解决。但科学实验告诉我们的结果却刚好相反：在旁观者越多的情况下，救助行为出现的几率越小。

为什么会这样呢？美国密苏里大学、匈牙利中欧大学和美国亚利桑那州立大学联合做了一系列的实验，结果表明：当人觉得只有自己能够提供帮助时，才更容易伸出援助之手，而其他人的存在可能会让他人觉得自己有机会逃脱道德责任，以为责任是别人的，结果就导致，没有人伸出援手，出现集体冷漠的局面。

如果你想问，要如何打破这一条定律？很遗憾，心理学家也在研究这个重要的课题，至今还没有给出什么有效的策略。

什么东西跟“公共”沾上边，都会引发悲剧

一个村庄共同拥有一片草地，牧民们一同在这块草地上放牧。

有一天，一个牧民想要多养一头牛，因为这样可以增加他的收益，获得更大的利润。虽然他知道这个草场上已经有很多牛了，再增加牛的数量会降低草场的质量，但他觉得对于自己而言增加一头牛是有利的，就算草场退化了，大家可以共同负担这个代价。于是，他增加了一头牛。

慢慢的，其他牧民也都发现了这个问题，并都开始增加牛的数量。结果很明了，由于过度放牧，草场退化，无法满足牛的需要，所有牧民的牛最后都被饿死了。

这个故事讲的就是“公地悲剧”。此概念最初由英国留学生哈定1968年在《科学》杂志上发表的文章中提出，在英语中被称为哈定悲剧，翻译到中国称为“公共地悲剧”。

我们不应该按照字面的意思来理解公地悲剧，而应视为一种比喻的概念。这个词汇是一种现象的简称，并不是对这个现象精准的描述。

“悲剧”一词不应依常理视之有悲剧性，也不应被视为一种归咎原因的谴责。它是指如果一种资源没有排他性的所有权，就会导致这种资源的过度使用。

哈定认为：在共享公有物的社会中，每个人，也就是所有人都追求各自的最大利益。这就是悲剧的所在。每个人都被锁定在一个迫使他在有限范围内无节制地增加牲畜的制度中。毁灭是所有人都奔向的终点。因为在信奉公有物自由的社会当中，每个人均追求自己的最大利益。公有物自由给所有人带来了毁灭。

婺州公园的樱桃一熟，就立刻被大家“追捧”。有人说，早上到公园遛弯时，会看到很多人在摘樱桃，有折树枝的、爬树的，还有搬梯子摘的，特别热闹。其实，这些樱桃只是刚开始泛红，还没有到成熟期。可就因为它是公共物品，大家都在想：你不摘的话，别人也会摘，那我干嘛不摘呢？其实，如果大家都不摘的话，再让这些樱桃长一长，它会更好吃。这样提早被摘下的樱桃，根本就不甜。所以，摘的樱桃再多，也尝不到预期中的那份美味。

生活中还有更令人心痛的悲剧。我们都知道，蓝天白云、江河湖泊，甚至是广场、绿地和公共设施，都是被人们所共享和共用的资源。然而，这些年很多人的“公共地”意识开始日渐淡薄。当深圳、珠海、威海等地拆房建绿地时，却有一些地方仍在见缝插针、密密麻麻建高楼；当一些国家垃圾处理已达到“日清日洁”水平时，我们一些城市的垃圾却日堆日高。有资料显示，全国垃圾侵占的面积已超1350万亩。

当马永顺生命不息、造林不止，为子孙留下大片绿荫时，我们有些地方仍在挥起斧头，为了眼前的蝇头小利而不惜砍倒大片涵养水土的参天大树；当首都取消“面的”营运，创造清新环境时，我们有些城市因汽车尾气、居民烟煤、废气排放，常年“黑云压城”。

要防止公共资源悲剧的发生，要从两个方面入手：

第一，制度。建立中心化的权力机构，无论这种权力机构是公共的还是私人的——私人对公共地的拥有及处置便是在使用权力。

第二，道德约束。道德约束与非中心化的奖惩联系在一起，在实际中也许可以避免这种悲剧。当悲剧未发生时，如果建立一套价值观或者一个中心化的权力机构，这种权力机构可以通过放牧成本控制数量或采取其他办法控制数量。

凭着热心帮人做事，最后那些事就变成了你的事

现代社会一直强调，融洽的人际关系对于生活、学业、工作有着多么重要的意义，事实也的确是这样。但有些人走了极端，太过热心了，凡事都想着如何维护关系，甚至到了迁就的地步，结果非但没得到自己想要的，那份好心也被践踏了。

在亲朋好友眼里，A是出了名的“热心肠”，生活上有困难的时候找他，工作干不完的时候找他，搬家出力的时候找他，还不上钱救急的时候找他，没时间照顾花草宠物的时候还找他。他除了自己的生活之外，还负担着各种人的各种生活。

A累不累？当然，可他从来不敢拒绝别人。他觉得，说“不”是伤感情的行为，自己会有种罪恶感。有时，他自己的工作没做完，同事又好言好语地求他帮忙，若是冷冰冰地拒绝，特不给同事面子，显得不近人情。结果，往往是他先帮同事的忙，等事情办完了，再加班加点做自己的事。即便疲惫，却也不肯说“不”。

只有一次，A因为有急事要做，没有帮对门的邻居照看宠物。没过几天，邻里间就有了闲话：“人真是变得快，以前总说远亲不如近邻，现在呢？这社会的人啊，真是越来越冷漠了。”A一肚子委屈，却没地方说。

L生性温柔，脾气好，又能做得一手好菜，丈夫的同事朋友都愿意到家里来做客。每次有客人来，L都是笑脸相迎，沏茶倒水，准备一桌子饭

菜。饭后，客人们打牌、聊天，她在厨房默默地收拾残局。

准备一桌子饭菜，收拾一大堆的碗筷，把厨房打扫干净后，又得收拾客人们弄脏了客厅，着实是一件辛苦的差事。一整天下来，基本上就没有闲着的功夫。这些辛苦，L从来不说，别人也就认为她不介意。

可唯独有一次，L身体不舒服，恰好家里又来了客人，发热而浑身酸疼的她，没有起身招呼客人，也没有像往常一样准备餐点。结果，大家扫兴而归，临走时，L分明听见朋友的妻子小声嘀咕："什么人呀？不愿意咱们来家里，就躺在房间里装病。咱们还不是看她热情才来的嘛，以后请我来都不来了，会做几道拿手菜就了不起了……"

听到这些评议，L的眼泪一下子就滚了下来。这些年，她极力维护自己"好脾气"的形象，希望让每个到家里来的客人都高兴，自己再苦再累都没说过，可自己真的生病难受时，却没有人嘘寒问暖，哪怕只是客气地问一声，也不至于让自己如此心寒。

诸如此类的事，你是不是也遇见过？一直做着别人眼中、口中的好心人，付出了大量的时间和精力，却很少有人真正地替你考虑？当有一天，你也遇到了难处，不得已改变过去的某种习惯，就被人冠上"你变了"的头衔，似乎从前真诚付出的一切，也成了一种虚伪。尽管你心里知道自己是一个好人，并没有改变，但你无论怎样都开心不起来。

黄桐说过："玫瑰花上的刺，不是为了伤害别人，而是为了保护自己。想当个好人，很好，但绝没必要让自己成为一个来者不拒的烂好人，老是成全别人，却让自己不断受到伤害。"给人帮忙对人好，要雪中送炭，但不要越俎代庖，如果别人没有达到非被帮不可的程度，而你只是凭着热心去帮别人做事，后来那些事就会变成你的事。

最好的玩具，永远是别人手里正在玩的那个

你有没有发现，小孩子都有这样的习惯：同样一包零食，自己吃的时候不觉得怎么好吃，可一旦有其他小朋友在旁边，那包零食总会吃得更香一些。如果那包零食攥在别人手里，那就更是“人间美味”了。再如，到别人家玩，看到别人正在玩的玩具，总觉得那是最好玩的，虽然自己家里也有，经常被扔到一边看也不看。

很多时候，小孩子的行为就是一面镜子，透过他们的思想和言行，我们总能看到成人世界的样子。比如，别人的女友总是那么温柔可爱，别人的男友总是那么体贴浪漫，别人的丈夫总是事业有成，别人的孩子总是精巧伶俐……似乎，好的东西永远都在别人手里。

想想看，是不是这样？我们总觉得熟悉的东西价值比较小，而新奇的东西充满了吸引力。其实，这是一种与生俱来的本能。有时，它也有积极的作用，能够激发人的进取心。但有时，它也具有破坏力，让我们不珍惜自己拥有的，而去追求不属于自己的东西。

说到底，还是比较的心理在作怪。《牛津格言》中说道："如果我们仅仅想获得幸福，那很容易实现。但我们希望比别人更幸福，就会感到很难实现，因为我们对于别人的幸福的想象总是超过实际情形。"

其实，难念的经家家都有，人人都有，只是每个人都不相同，根本不存在可比性。生活的差别无处不在，每个人的生命都被上苍划了一道缺口。你若不是牡丹，就不必追求娇艳；你若不是蔷薇，就不必象征爱的誓言。你若只是小草，就展现顽强的生命；你若是一棵树，就散发出独立的气息。不与人相争，日子或许平淡，可也更安心。

当年，夏丏尊去拜访弘一大师。当时，弘一大师正在吃午饭。午餐很简单，一碗白米饭，一碟咸萝卜干。夏丏尊看着这样的饭菜，想到大师出家前的锦衣玉食，心里不免有点酸楚。

他问大师："这菜不咸吗？"弘一大师说："咸有咸的味道。"

米饭吃完后，弘一大师向碗里倒了些白开水，刷了刷碗底的几粒米，一同喝下。大师出家前，饭都配有香茗一盏，今日的情景和往日一比，夏丏尊更觉得心酸。

他问大师："这么淡喝得下吗？"弘一大师说："淡有淡的味道。"

咸有咸的味道，淡有淡的味道，生活不也如此吗？人生短短几十年的光景，把时间和精力浪费在与人攀比上，实在可惜。在人生的竞技场上，用不着跟谁去比较，你就是主角。你要经常提醒自己：我能拥有的就是最好的，因为这是我能得到的。

篇 2

认知：
突破思维界限，认清事物的真相

把穿着打扮放第一位的人，自身价值比不上那些衣服

近日的报道中，有一条新闻标题甚是引人注目：747天每天穿同一件衣服，居然可以升值加薪走向人生巅峰！它说的是，纽约一位女士Matilda Kahl，每天穿同样的衣服去上班，白色的短袖衬衫，一条黑色的蝴蝶结，外加一条黑裤子，是她三年来的标准穿搭。天冷的时候，就披个外套或夹克。

和很多人一样，Matilda也曾经为了起床后不知穿什么衣服上班而苦恼。每次都是好不容易挑出来一套，出门就后悔。这样的问题导致过她迟到，还因为穿错衣服整天焦虑重重。然后，她就做了一个决定：买一套衣服，自此就穿这一套去上班。不过，她不是真的只有一套，为了换洗方便，就干脆买了几件相同款式、相同颜色的衣裤。从此以后，Matilda再不用为每天早上穿什么衣服上班的问题发愁了，节省下来的时间全都用在自己想做的事情上。

细心的话，你可能会发现，这不是Matilda一个人的习惯，而是许多成功人士共有的习惯。

脸书（Facebook）的CEO马克·扎克伯格，衣柜里挂着相同的美式灰色衬衫和同颜色的连帽衫，除了在必要正装场合，他几乎都是穿着这一套衣服。

乔布斯万年的装扮，就是黑色圆领羊毛衫和牛仔裤，因为过于热衷黑色圆领羊毛衫，甚至请求三宅一生的厂商为他订制了一百件。

香奈儿的创意总监卡尔·拉格菲尔德，一直都是白色衬衫、黑西服、墨镜再加手套。不管是他减肥前、减肥后，换了几任男宠又捧起几个模特，都是这身装扮。

他们有足够的经济实力去选择各种高档的、不俗套的衣装，但为什么全都青睐穿同一套衣服呢？美国前总统奥巴马在被问及，为何经常穿蓝色和灰色的西装时，作出了这样的解释："你们看到我只穿灰色或蓝色的西装，那是因为我努力将选择降低了。我并不想在吃什么或穿什么上花费时间做决定，因为有太多其他的决定需要我来做出。"

麻省理工学院的神经学家厄尔·米勒指出，我们的大脑其实根本不擅长处理很多事情，当人们以为自己很擅长多任务管理，其实他们只是迅速下决定而已。但下决定这事本身，已经消耗了我们做其他决定的能量了。

很多人都说自己有选择困难症，实际上，这种选择困难症是选择上瘾症。当我们在思考一件事的时候突然切换到另一件事情上，或者在长久犹豫后终于做出一个选择后，大脑都会感觉如释重负，那是多巴胺带给我们的微妙快感。

在无意识的状态下，每个人都喜欢做一些无伤大雅的小选择，毕竟这是生活的乐趣和美妙之处。但是，生活的琐碎和可怕之处也在于此，因为选择是无穷无尽的。伦敦大学的一项研究表明，当人面对过多的选择，大脑会不断地消耗能力，被迫增加皮质醇和应激激素，人的智力也会降低。

思考一下：为什么每天还没到办公室工作，就已经感觉筋疲力尽？除了体力的原因，是否也有刚刚起床就做了很多决定的原因？比如，我要穿什么衣服？搭配什么鞋子？打车还是坐地铁？从现在起，精简你的选择吧！让我们在小事上简单一点，在没有意义的地方少花费一点时间，把精力全都投入到灵魂真正所渴望的东西上去。

别把自己太当回事，没有你太阳明天一样会升起

美国著名指挥家、作曲家沃尔特·达姆罗施，二十几岁就当上了乐队指挥。刚开始时，他有些飘飘然，忘乎所以，自认为才华横溢，没有人能取代自己指挥的位置。直到有一天排练，他把指挥棒忘在家里，正准备派人去取，秘书说了一句：“没关系，向乐队其他人借一根就行。”

这句话让他摸不着头脑，他心想：“乐队不就一个指挥吗？除了

我，谁还能带指挥棒？”可是，当他问“谁能借给我一根指挥棒”时，分别从大提琴手、首席小提琴手和钢琴手上衣内袋里掏出的三根指挥棒递到他面前，他一下子清醒过来，意识到自己不是什么必不可少的人物。很多人都在暗暗努力，时刻准备取代自己。自那以后，每当他想偷懒或是头脑发热的时候，就会想起那三根指挥棒。

很多时候，我们都不愿意承认自己是平凡的，特别是在某一方面取得了一点成就后。但其实，无论是攀登到了光辉顶峰的“伟人”，还是芸芸众生中的普通人，每个人都不可能脱离平凡二字。只是，那些非凡者身上的光环过于耀眼，让人不禁忽略了他们的成长、成功历程。当你试着去了解，你就会发现，所有的非凡都是从平凡起步，而后一点点抬升的。人生的常态就是平凡，平凡的人生，才是真实的人生。

一次，俄国文学大师托尔斯泰长途旅行时路过一个车站，独自一人在月台上慢慢走着。这时，一辆客车正要启动，汽笛已经拉响。忽然，一位女士从列车车窗外冲他大喊：“老头儿，老头儿！快替我到候车室把我的手提包取来，我忘了带过来。”

原来，这位女士见托尔斯泰衣着朴素，还沾了不少尘土，就把他当成了车站的搬运工。托尔斯泰连忙跑到候车室，帮那位女士去取手提包。当女士接过他递来的手提包时，感激地说：“谢谢啦！”随手递给托尔斯泰5戈比硬币，“这是赏给你的。”托尔斯泰接过硬币，瞧了瞧，装进了口袋。

刚巧，女士身边有一位旅客认出了托尔斯泰，就对女士说：“天天，您知道您赏钱给谁了吗？他就是列夫·托尔斯泰。”

“天呐！”女士惊呼起来，“我这是在做什么呀？”她赶紧对托尔斯泰解释："托尔斯泰先生，托尔斯泰先生！看在上帝的面上，请不要计较！请把硬币还给我吧，我怎么会给您小费，多不好意思！我这是干出什么事来了！"

"太太，你这么激动干嘛？"托尔斯泰平静地说，"您又没有做什么坏事。这个硬币是我挣来的，我得收下。"汽笛再次长鸣，列车缓缓开动，带走了那位惶恐不安的女士。托尔斯泰微笑着，目送列车远去，又继续他的旅行了。

伟人之所以伟大，一方面是他们做出了常人难以企及的成就，另一方面是他们在精神上也抵达了这样的高度。他们不会把自己看得多么与众不同、高不可攀，而是时刻提醒自己：其实我很普通，无须把那些闪耀的光环加在自己身上。

事实也正是这样，放眼滚滚红尘，我们都不过是其中极其普通而平凡的一粒尘埃。当然了，承认平凡不等于妄自菲薄，也不是对自我价值的否定，而是正确地认识自己，承认自己能力有不足，承认自己眼界有限，承认自己还有待完善……唯有如此，才能脚踏实地做好该做的事，在平凡中保持昂扬的斗志，创造出力所能及的奇迹。

人迷惑时并不可怜，不知道迷惑才是最可怜的

爱迪生是一个伟大的发明家，这是世界公认的事实。他有过1000多项改变人们生产和生活方式的发明，绝对配得上“发明王”的称号。然而，晚年的他，自满情绪越来越严重，结果让他在自己最志得意满的领域里，栽了一个大跟头。

爱迪生固执地反对交流输电，一直坚持直流输电，事实证明他错了。原来以他命名的公司不得不改为“通用电气公司”，而实行交流输电的威斯汀豪斯电气公司至今依然保留着。这真的是“英雄迟暮，骄则自误”。

墨菲定律里说，人迷惑时并不可怜，不知道迷惑才是最可怜的。无知没什么可笑的，可笑的是有了点知识就认为自己无所不知。这样的人，再也学不到什么东西了。

老舍先生在《四世同堂》里写过这样一番话：“一个真正认识自己的人，就没法不谦虚。谦虚使人的心缩小，像一个小石卵，虽然小，而极结实。结实才能诚实。”接着，他借用人物瑞宣，清晰地解释了真正认识自己的人是什么样，他说——

“瑞宣认识他自己。他觉得他的才力、智慧、气魄，全没有什么足以傲人的地方；他只能尽可能地对事对人尽到他的心，他的力。他知道

在人世间，他的尽心尽力的结果与影响差不多等于把一个石子投在大海里，但是他并不肯因此而把石子可惜地藏在怀里，或随便地掷在一汪儿臭水里。他不肯用坏习气减少他的石子的坚硬与力量。”

当一个人充满自信地将自身才华能力淋漓尽致地展示出来，但无论他多么聪明、多么有才华、获取的成就多大，他在浩瀚无垠的知识与技能面前，也是渺小的。苏格拉底这样的哲学家称得上伟大吧？可他依然说：“我唯一知道的一件事，就是我一无所知。”

美国石油大王洛克菲勒曾说：“当我从事的石油事业蒸蒸日上时，我晚上睡前总会拍拍自己的额头说：‘如今你的成就还是微乎其微，以后的路途仍多险阻，若稍一失足，就会前功尽弃，勿让自满的意念侵蚀你的脑袋，当心！当心！’”他是在告诫自己要谦虚，尤其是稍有成就时更当谨慎，严防骄傲。

华人世界的财富状元李嘉诚，始终保持着“建立自我，追求无我”的人格魅力。加拿大名记者约翰·德蒙特（JohnDemont）对李嘉诚的为人赞叹不已：“不摆架子，容易相处而又无拘无束，可以从启德机场载一个陌生人到市区，没有顾虑到个人的安全问题。他甚至亲自为客人打开车尾箱，让司机安坐在驾驶座上。后来大家上了车，他对汽车的冷气、客人的住宿，都一一关心到。他坚持要打电话到希尔顿酒店问清楚房间预订好了没有，当然，这间世界一流酒店也是他名下的产业。”

万通集团董事长冯仑，对李嘉诚的评价也带着一丝的敬畏：“一个成功的人对生活的态度非常重要。我们在生活中经常看到一些人，做一件事情偶有所得，他的自大就会让人不舒服，他的存在让你感到压力，他的行为让你感到自卑，他的言论让你感到渺小，他的财富让你感到恶心，最后他的自大使别人无处藏身。李先生不一样，他在建立自我的同时追求无我，展现的是一种生活态度，更是一种人生境界。”

马云面对事业上的成就始终保持罕见的理性。在一档访谈节目中，主持人称赞他聪明，他却说：“我觉得我真的不聪明。我从小读书、玩游戏都不如别的小朋友。别人把你当英雄，你可千万别把自己当英雄，那样可能麻烦就大了。英雄是别人说的，名气是别人给的……”

人都是在虚心接受新思想、新知识的过程中不断进步的，而不谦虚的人就像一个塞满了泡沫的杯子，无论好心人往里面倒多少水，最终都会溢出来。生活中，我们要学会正确认识自己，只有把自己做出的某些成绩化小，让别人觉得微不足道，就是平常所做的事，才能保持清醒的认识，知不足而进取，在日益优秀中赢得他人的欣赏与尊重。

说自己绝对不会错的时候，往往错的就是你

生活中我们经常会碰到这样的人，说话一点儿余地都不留，动不动就宣称：“我说的绝对没错，你说的肯定是错的。”听起来特别自信，但不久之后，事实就会让他们后悔。

在《韩非子·难一》中，有一则“自相矛盾”的故事，想必大家对此都有印象。

一个卖矛又卖盾的楚国人，他夸耀自己的盾说：“我的盾很坚固，不管用什么东西都无法穿破它。”接着，他又夸耀自己的矛说：“我的矛很锐利，不管什么东西都能穿破。”有人问他：“如果用你的矛戳你的盾，会怎么样？”他哑口无言，不知如何作答。

世界上没有绝对的事，万物都处于变化中，很多事情不像我们想的那么简单，真相也总有和自己想法相反的时候。把话说得太绝对了，没留一点空白，往往会因为意外而下不了台。这就好比吹气球，吹到一定程度就得停下来，给它留一点空间，如若不管不顾地往里面吹气，肯定会爆破。不同的是，气球爆破了还能再换一个，话说到了“头儿”，就很难挽回了。

一位推销袜子的女业务员，为了证明自己所卖的袜子质量好，便在街头给大家做演示。她随手拿起一只袜子，并找到一位围观者，说：

“来，帮帮忙，拿住袜子的一端，使劲儿拉。”说完，就跟围观者对拉起来，众人都看见了，袜子的韧性确实不错。然后，她又拿起一根针，在拉得绷直的袜子上来回滑动，袜子竟也没有破，她说：“看，怎么划都行，不抽丝。”接着，她又拿起打火机，快速地在袜子下面晃动，火苗穿过袜子，袜子也没有被烧毁。

她边做边说，这一幕，让在场的很多人都惊讶了。顾客们相互传看着袜子，有位顾客为了验证一下袜子的质量，也故意地拿起针，没想到刚一划袜子就破了。原来，顺着袜子的纹理划，才不容易划破，并不是怎么划都可以。另一位顾客要拿打火机烧，女业务员见此，连忙阻止，说：“袜子并不是烧不着，我只是证明它的透气性好。”其实，袜子的质量是不错，可她刚刚的一番言辞，还是让顾客觉得充满了夸张和欺骗。

几天后，同样是在这条街上，另一个女孩也在销售这款袜子。底下有人问，这袜子结实吗？她回答得很巧妙：“袜子不可能穿不破，就是钢还有磨损的时候呢！您说是不是？我只能说，这款袜子，相比其他的袜子来说，韧性大，不容易抽丝。”说完，她也和前一位女业务员一样，用针在袜子上划，用打火机在袜子底下晃动，只是做这一切的时候，她都配合着解释：“这样烧，可不是告诉大家这袜子烧不坏，而是让您看看它的透气性。”

听她这么一说，原本有些爱挑刺的顾客，竟也挑不出什么毛病了。大家相互传看，买袜子的人也越来越多，一是觉得这袜子质量不错，二是觉得这卖袜子的姑娘也挺实在。

说话的程度，直接影响着听者的情绪。把话说得太满了，一点儿退路都没有，往往会给爱挑刺的人留下可乘之机。在电视和网络媒体上，我们时常会看到名人在面对记者的采访时，往往都喜欢说一些“模棱两可”的话，譬如“也许”“大概”“考虑”等不肯定的字眼。这样说的目的，就是为了留一点儿空间，容纳意外的出现。否则，一下子把话说到了家，万一日后出现点人为不可抵抗的事件，如何来自圆其说呢？

说话做事时，一定要谨记留点余地，必要的时候也得学一些“外交辞令”。别人请求你帮忙时，不要直接说“我保证”，要说“我试试看”“尽量”；上司交给你一项棘手的工作时，不要信誓旦旦地说“没问题，肯定完成”要说“我会全力以赴”。

不确定的词语，通常可以降低人们的期望值。你若没做到，他们会因为对你的期望不高而谅解。况且，期间看到了你的种种努力，也不会将你的辛苦和成绩全部抹杀。你若能出色地完成任务，他们会喜出望外，这种增值的喜悦，会给你带来很多好处。

你觉得拍得最漂亮的那张照片，别人都说不像你

有时候，我们对镜独照，自我感觉还不错。可一旦照相，就觉得照片里的自己没有本人好看，不是姿势不够得体，就是表情不够自然，好不容易挑出一张漂亮的照片，拿给周围的朋友看，结果大家都说不像你，着实让人郁闷。

明明是同一个人，为什么自己感觉到的美丑程度不一样呢?

心理学家研究发现，人们在照镜子的时候，大脑都会自动脑补，所以镜子里的模样并不是自己真实的长相，通常比真实的长相要好看30%。有人总结说，镜子镜面成像，和照片中的你是反的。这就是说，照片中的你，才是别人看到的你。

这种说法是否有科学依据，我们也不得而知。但是，生活中绝大多数人都有这样的经历。翻看相册的时候，我们都会发现，大部分跟自己有关的照片，都不太令人满意，可周围的人却觉得没什么，说拍得很像你，很不错。那些你觉得很好看的照片，他们则觉得不像你。

听录音的时候，也会有类似的感受。有时会觉得，声音不如自己平日里听到的好听，说话的水平也下降了一大截。如果是看视频录像，那差别就更明显了，甚至觉得有点别扭。

面对这样的情形，我们总习惯找借口说，设备不好，光线不好，角

度不好，甚至拒绝拍照、录音和录像。其实，这是我们对自我的恐惧，害怕打破自我内心建立的对自我认识的幻想，害怕看到那个因幻像消失后裸露出的存在着各种缺失的、不理想的自我，缺乏面对自己、返回自身的勇气。

法国思想家卢梭说过：“大自然塑造了我，然后把模子打碎了。”听起来好像有点怪怪的，但实际情况就是这样。我们不愿意接受已经失去了模子的自我，就用自以为完美的标准，把自己重塑了一遍。结果，照片和别人看到的你，与你看到的自己，相差甚远。

不过，也有一些勇敢的人，能够突破这一道坎儿。有个叫杰克的小伙子，他坐着的时候喜欢一手托着腮，有同事说他的这个动作很“娘”，而杰克却不相信。后来，有个同事把杰克的动作拍摄了一段录像，杰克看了之后，简直被吓了一跳，也承认了自己的那个动作确实很“娘”。自那以后，他就不再摆这个姿势了。

其实，想开一些也没什么的，每个人都不完美。我们早一点接受这个事实，就能早一点认识和提高自己，最怕的就是沉浸在自我幻想中，做一个装睡的人。

总有人爬到了梯子的顶端，才发现梯子架错了墙

想要抵达一个目标，坚持是必不可少的。但是，这个坚持是有前提的，那就是你的目标是对的。如果像墨菲定律所说，梯子架错了墙，那就没有必要爬到梯子顶端了。因为，你爬得越高，走得越远，离目标就越远。

有个故事是这样讲的：某日，动物园管理员发现袋鼠从笼子里跑了出来，于是召开会议讨论，大家都认为是笼子的高度不够导致的。于是，管理员就把笼子的高度从原来的10米增加到20米。可是，到了第二天，袋鼠还是跑到了外面。然后，管理员又把笼子加高到30米。没想到，隔天竟然又看到袋鼠全跑到外面，管理员很紧张，决定一不做二不

休，干脆把笼子的高度增加到50米。

长颈鹿私下跟袋鼠们聊天，问：“你们觉得，这个人会不会继续再加高笼子？”

袋鼠说：“很难说，如果他再继续忘记关门的话。”

很明显，管理员开了一个错误的会，做了一个错误的判断，哪怕他把笼子加得再高，倘若不解决忘记关门的问题，那么依然无法阻挡袋鼠往外跑。这就告诉我们，做正确的事要放在正确做事的前面，哪怕你把一件事做得再好，如果它偏离了正确的轨道，所有的付出都是枉然。

做正确的事就像是船上的帆，正确地做事就相当于船上的桨。船帆可以左右船前进的方向，在选对了方向的基础上，再配合船桨，才能抵达预期的目的地。做任何事情，一定要先瞄准，再射击，没有瞄准的射击没有意义！

李开复曾经说过：“做正确的事，就是在决定去做一件事情之前，必须首先考虑到这件事情是否是正确的，做这件事情会有什么样的后果，是否可以达到预期的效果，我们的资源是否可以支持我们完成这件事情，简言之，就是我们必须首先明确做这件事情的正确性和可行性。也就是说要保证你的方向没有偏差。”

时刻谨记这一条：做正确的事情，永远比正确地做事更重要。如果在错误的事情下努力，就如同梯子架错了墙，越努力错得越离谱。

不要太自以为是，带着谦卑的心对待万物众生

在情人节来临之前的两个月，意大利的一位心理学家做了一个送玫瑰花的试验。

被试者是两对情侣，有着大体相同的成长背景、年龄阶段和交往过程。心理学家先让其中一对恋人中的男生，每个周末都给心爱的女友送一束红玫瑰；而让另一对恋人中的男生，只在情人节当天给心爱的姑娘送一束红玫瑰。

由于两个男孩送花的频率和时机不同，导致了两种截然不同的结果。那个在每周末都能收到玫瑰花的姑娘，表现得很平静。虽然没有什么不满意，但还是忍不住说了一句："我看别人送给女朋友的蓝色妖姬，比这个红玫瑰好看多了，真是羡慕。"

那个从来没有接过红玫瑰的姑娘，收到男友送的花，感受到了被呵护、被关爱的甜蜜，竟然欣喜若狂地跟男友紧紧拥吻在一起。

这是一个社会心理学效应，叫做贝勃定律，说的是当人经历强烈的刺激后，再施予的刺激对他(她)来说也就变得微不足道。就心理感受来说，第一次大刺激能冲淡第二次的小刺激。贝勃为此还做过一个实验：让一个人右手举着300克的砝码，这时在其左手上放305克的砝码，他并不会觉得有多少差别，直到左手砝码的重量加至306克时才会觉得有些

重;如果右手举着600克，这时左手上的重量要达到612克才能感觉到重了。也就是说，原来的砝码越重，后来就必须加更大的量才能感觉到差别。

人的感觉是很敏感的，但也有惰性，会蒙骗我们的眼睛，加重我们的感受而迷失理性。最常见的情况就是，对于亲人朋友的关爱，我们总是习以为常，而陌生人给予我们一点温暖，我们就感激不尽。其实，这就是贝勃定律在操控我们的感觉。

为了不落入这条墨菲定律的陷阱，我们不能太自以为是，要带着谦卑的心对待万物，才能少犯错误。当我们要给予他人关爱时，要尽量雪中送炭，而不是锦上添花。倘若是别人给予我们关爱，那更要懂得珍惜，善待这份心意。

你觉得只有一条路可走时，这条路往往是走不通的

英国有一位叫霍布森的马场老板。每次卖马之前，他都会向所有顾客郑重承诺：只要您给出一个低廉的价格，就可以在我的马圈中随意挑选自己喜欢的马匹。只是有一个附加条件：挑选好的马匹必须经过他设计的一个马圈门，能够牵出马圈门的，生意就顺利成交；牵不出去的，生意自然就黄了。

多少人跃跃欲试，总想着有便宜可得，但其实这是一个圈套。

霍布森设计的那个卖马专用马圈门，是一个很小的门，那些大马、肥马根本就过不去，能牵出去的都是一个个小马、瘦马。显然，他的这个附加条件就是在告诉顾客：好马，你不可以选。可惜，太多人都没有意识到这一点，在马圈里选来选去，自以为挑了一个大的，完成了满意

的选择，可到最后却发现，不过是空欢喜一场。

后来，人们就把这种没有余地的“挑选”，称之为霍布森选择。这种选择，让人们自以为做出了选择，实际上选择与思维的空间很小。陷入到这种选择中，人很容易思维僵化，自愿地走进这个陷阱，在唯一的选择中自我沉醉。

无论一个选择是好是坏，是优是劣，都是在比较之后才得出来的，而且两者必定存在着差异性。没有选择余地的选择，就等于将这种差异性抹掉了，完全是“矮子里面拔大个”，让选择失去了意义。

要走出这个困局，在选择之前就要深入思考，提取最关键的信息，对信息进行甄别。有时，虽然对方给予了你选项，但思考一下就会知道，你能够做出的选择只有一个。此时，不妨静下心来，想想自己是否非要做出选择。某些时刻，不作选择，可能就是最好的选择。

别以为总有人比你更傻，一不留神你就成了最大的笨蛋

著名的经济学家凯恩斯，曾经为了解决金钱的困扰而专注地从事学术研究，他便出外讲课赚取一些课时费，然而课时费的收入毕竟是有限的。于是，1919年，凯恩斯借了几千英镑去做远期外汇投机生意。

仅仅4个月的时间，凯恩斯净赚1万多英镑，这相当于他讲课10年的收入。但3个月之后，凯恩斯把赚到的利润和借来的本金输了个精光。7个月后，凯恩斯又涉足棉花期货交易，又大获成功。凯恩斯把期货品种几乎做了个遍，而且还涉足于股票。到1937年他因病而“金盆洗手”的时候，已经积攒起一生享用不完的巨额财富。

凯恩斯不同于一般的赌徒，他是一位经济学家，在这场投机的生意中，他不仅赚取了可观的收入，还总结并发现了一条墨菲定律，那就是“博傻理论”。

所谓博傻理论，是指参与投机的人，不是根据自己理性的判断进行行为的买卖，而是博弈信息的获取和看别人都关注些什么品种，整天猜测别人的选择，买卖行为都建立在对大众心理猜测的基础上，

而并非是你真实的想法，敢于这样参与的投机人，最大的机会就是要找到比他更大的“笨蛋”。

博傻理论产生的根源，其实就是利用了人们的从众心理，因为人们往往会跟随并猜测别人的选择，然后根据这些信息作出自己的判断，而不是依据自己的理性进行推断。敢于博傻的人，找到了更大的笨蛋，自己就会成为胜利者。

凯恩斯曾举过一个选美的案例，以此来证明自己的一理论：从100张照片中选择你认为最漂亮的脸蛋，如果你选中的答案和最后的答案一致，就可以获得大奖。当然最终是由最高票数来决定哪张脸蛋最漂亮。

你应该怎样投票呢？正确的做法不是选自己真的认为漂亮的那张脸蛋，而是猜多数人会选谁就投她一票，哪怕她丑得像时下出没于各种搞笑场合、令人晚上做噩梦的娱乐明星。

博傻理论所要揭示的是投机背后的动机，投机行为最为关键的一点就是判断是否有比自己更大的“笨蛋”，只要自己不是最大的笨蛋，那么就会成为赢家，赢多赢少另当别论。如果再没有一个愿意出更高价格的更大笨蛋来做你的“下家”，那么你就成了最大的笨蛋。

不是人人都能够保持理性思考的习惯，在诱人的利益面前，谁都心动，明知道泡沫是支撑不住的，还存在侥幸心理，希望自己不是最大的笨蛋就好。可是现实永远无情，总会有人成为最后的笨蛋。人类总是周而复始地进行遗忘，从而有规律地进行狂热地“博傻”！

1720年，英国股票投机狂潮中出现了这样一件事：一个无名氏创建了一家莫须有的公司。自始至终无人知道这是一家什么公司，但认购时近千名投资者争先恐后把大门挤倒。没有多少人相信他真正获利丰厚，而是预期有更大的笨蛋会出现，价格会上涨，自己能赚钱。颇为有趣的是，牛顿当时也参与了这场投机，而且成为了最大的那个笨蛋。为此他不禁感叹："我可以计算出天体运行，但人们的疯狂实在难以估计。"

这就像我们熟悉的击鼓传花游戏，鼓声停止的时候，拿着花的那个人总要遭受大家的一番捉弄。所以，你我都要聪明一点，任何事情显现出泡沫化的倾向时，一定要尽早离开。别以为总会有比你更傻的人出现，如果你存在侥幸心理，你就是那个最笨的人。

当你说不是钱的问题时，多半就是钱的问题

人们在生活中很容易犯一个错误，就是只关心自己的私利而不顾他人的利益。为了钱或其他的利益，往往会勾心斗角、明争暗斗。正因为此，某集团的总部贴上了这样一幅标语：“世界上80%的喜剧和金钱没有关系，世界上80%的悲剧都和金钱有关系。”

不可否认，钱是一件好东西，它可以满足我们的物质需求，让我们享受更好的生活。但是，钱也是最容易伤感情的东西。有句话说，没有永恒的朋友，也没有永恒的敌人，只有永恒的利益。如果你和一个人的关系是建立在利益之上的，那么这个关系必然会随着利益而波动。

退一步说，就算是单纯的亲戚或朋友关系，一旦跟钱扯上了关系，也很容易出问题。若是想维持融洽的关系，就不要跟亲戚朋友一起做生意，在合伙的过程中，每个人都会本能地追求私利，最终往往就搞成了对立的局面。在争吵的时候，或是向他人转述的时候，口口声说“根本不是钱的问题”，而是“原则问题”“人品问题”，但真相往往就是钱的问题。只不过，大家不愿意说破罢了，毕竟没有谁愿意承认自己是自私的。

借钱，也不是一件值得推崇的事。有些人很善良，也很仗义，朋友遇到困难时毫不犹豫地伸出援手。可当朋友的困难过去了，却把借钱的

事抛在脑后了。这个时候，主动要的话，显得自己太过小气，不要的话，心里又很不舒服。就算朋友如期还了，下次遇到困难的时候，还是会找到你。因为，人们都倾向于找好说话的人帮忙。

还有一个事实我们得面对，你曾经帮朋友渡过了难关，轮到自己时运不济时，你可能也会想找对方帮忙。这个时候，他如果拒绝了你，你心里肯定不痛快，甚至有一种责备对方“忘恩负义”的想法，今后不想再与之往来。

朋友之间相互帮助，这本是无可厚非的。但这种帮助，最好是心理上或行动上的，千万不要有金钱上的往来。不然的话，稍微出现一点差池，朋友就没得做了。

刚刚一得意忘形，灾祸立马就降临了

生活中，每个人都有得意的时候。得意时会不由自主地高兴，这一点多数人都不能免俗，也无可厚非。可凡事有度，得意过了头，灾祸可能就来了。

伊索寓言里讲过一篇《蚊子与狮子》的故事：一只蚊子在狮子身上乱咬，狮子很烦躁，却拿它没有办法。蚊子自认为很了不起，奏起凯

歌，得意忘形地飞舞着。突然，蚊子不小心撞到了蜘蛛网上。临死之前，它感叹道："我曾经打败过凶猛的狮子，没想到今天竟然死在了一只小小的蜘蛛手上。"

这就是现实的缩影。人在得意的时候，很容易自我感觉良好，虚荣心爆棚，甚至变得眼高手低，忘乎所以。结果，没有得意几天，就让事情由盛转衰，甚至一败涂地了。所以，得意的时候，光高兴是不行的，还得想想如何把这种风光和好运维持下去。

一般来说，得意忘形的人，通常都是虚荣心过盛，为的只是博得众人的喝彩。等众人的掌声一响，他就认为达到了人生的目的，就想躺在掌声里活着，认为自己不用再奔跑了。殊不知，活在别人的掌声中，是最禁不起考验的人。

忘形，源自一种错误的认知，把暂时的得意看成永远的得意，把暂时的失意当成永远的失意。我们要知道，世间没有永恒的事物，一切都是暂时的、相对的、发展的，能够秉持这样的认识，就不会轻易忘形了。

当所有人的想法都一样时，每个人都可能是错的

很多时候，我们都会坚持“少数服从多数”的原则，哪怕是有不同的意见，也会碍于面子或心里迟疑而不提出异议。然而，多数一定是对的吗？

社会心理学家所罗门·阿希曾经做过一个实验，他请大学生们自愿作为被试者，告诉他们这个实验的目的是研究人的视觉感知。当某个来参加实验的大学生走进实验室时，他发现已经有五个人事先坐在那里了，他只能坐在第六个位置上。其实，他不知道，那五个人是跟研究人员串通好的假被试者。

阿希要让大家做一个很容易的判断，就是比较线段的长度。他拿出一张画有竖线的卡片，让大家比较这条线和另外一张卡片上的3条线中的哪一条等长。判断一共进行了18次，事实上这些线条的长短差异非常明显，正常人很容易作出正确的判断。

然而，在两次正常判断之后，五个假被试者异口同声地说出一个错误答案。于是，真被试者开始迷惑了，他是坚定地相信自己的眼力呢？还是说出一个和其他人完全相同、但自己心里认为不正确的答案呢？

从总体结果看，平均有33%的人判断是从众的，有76%的人至少做了一次从众的判断。然而，在正常情况下，人们判断错的可能性还不足1%。阿希的这项研究，基于一个简单而明确的事实，目的就是验证群体一致性的力量。我们不仅会对群体里有争议性的想法或错误的论断产生动摇，而且我们也可能会最终听从群体一致的意见，哪怕那是一个显而易见的错误判断。

1895年，被称为群体心理学创始人的法国社会心理学家古斯塔夫·勒庞在其著作《乌合之众：大众心理研究》中指出：“聚集成群的人，他们的感情和思想全都会转向同一个方向，他们自己的个性就此消失，形成了一种集体心理……在集体心理中，个人的才智会被削弱，继而他们的个性也会被削弱。异质性被同质性所吞没，没有意识的品格占据了上风。”

看到这里，不知你意识到了没有，盲目地从众，其实是一件很可怕的事情。生活中，我们要扬“从众”的积极面，避“从众”的消极面，努力培养和提高自己独立思考和明辨是非的能力；遇事和看待问题，既要慎重考虑多数人的意见和做法，也要有自己的思考和分析，从而使判断能够正确，并以此来决定自己的行动。

拥有两块表时，为什么反倒不知道时间了

森林里生活着一群猴子，每天太阳升起的时候，它们就外出觅食；太阳落山的时候，它们就回去休息，日子过得平淡而幸福。

有一天，一位游客在穿越森林时，把手表丢在了树下，被一只叫猛可的猴子捡到了。聪明的猛可很快就搞清楚了手表的用途。于是，它成了猴群中的明星，每只猴子都渐渐习惯向猛可请教确切的时间，特别是阴雨天的时候。整个猴群的作息时间都开始由猛可来决定，猛可逐渐建立起自己的威望，成功地当上了猴王。

做了猴王的猛可认识到是手表给自己带来了机遇和好运，于是它每天都在森林里努力寻找，希望能够捡到更多的手表。果然，它很快就又捡了一块手表。可是，事情并不像猛可预料得那么好，得到了两块手表之后，它很快就陷入了麻烦中。

每块手表的时间显示得都不一样，到底哪块手表的时间才是准确的呢？猛可被这个问题难住了。猴群也发现，每当有猴子来询问时间时，猛可总是支支吾吾的答不上来，整个猴群的作息时间也变得一塌糊涂。猛可的威望大不如从前，不久就被推下猴王的宝座，而它的收藏品也被新任的猴王据为己有。

不过，新任猴王的日子也不好过，它同样面临着猛可的困惑。只有一块手表的时候，能够知道确切的时间，可有了两块手表时却也不知道

究竟几点了。

这就是著名的手表定律，它在提醒我们：对任何一件事情，不能同时设置两个不同的目标，否则人会无所适从；对同一个人，不能同时选择两种不同的价值观，否则行为会变得混乱。

尼采有一句名言："兄弟，如果你是幸运的，你只要有一种道德而不要贪多，这样，你过桥会更容易些。"如果每个人都"选择你所爱，爱你所选择"，无论成败都可以心安理得。然而，困扰很多人的是，他们被"两只表"弄得无所适从，心力交瘁，不知自己该信哪一个。

生活中，我们也经常会遇到类似的困惑：两门选修课程都是自己喜欢的，但授课时间重合，而且自己也没有足够的精力学好两门课程，这个时候要作出抉择就很难；在面对两个同样优秀、同样倾心于自己的异性时，也会苦恼许久，不知如何决断；在择业的时候，地点、待遇不分伯仲的两家单位，你会何去何从？人生的每一个十字路口，似乎都面临着鱼和熊掌不能兼得的苦恼。

很明显，选择多了不一定是好事。在某些情况下，我们必须作出决断，选择比较信赖的那只"手表"，尽量校准它，以此作为自己的标准。

可是，在鱼和熊掌面前，要选择其一，也并不容易。两者都是自己想要的，在这种矛盾面前，该怎么办呢？对此，心理学家推荐使用模糊心理。

所谓的模糊心理，就是在一个很难决策的情况下，以潜意识的心理为基调，做出符合潜意识心理的选择。这是人在成长过程中不断积累的一种心理积淀，也许你不能说明明确的原因，但通过心理的潜意识，通常都可以作出最符合个体心理需求的决定。

这里说的潜意识，跟我们平时说的第一印象如出一辙。模糊心理在矛盾面前，能提供给我们最安全的心理保护，因而是值得提倡的。

篇 3

心态：
有什么样的态度，就有什么样的结果

越害怕某件事发生，越有可能变成真的

你有没有碰到过这样的事？

兜里揣着钱包，生怕丢了，每隔一段时间就用手摸一摸，查查钱包否还在。结果，你规律性的动作引起了小偷的注意，最终被小偷割破了口袋，把钱包偷走了。

考试临近之际，最怕生病，小心翼翼地照顾着自己，可到了考试的前一天，还是发烧了。身体的疲惫和心理的焦灼，最终没能发挥出正常的水平，把考试搞砸了。

这是常说的，怕什么，来什么。在面对一些重要的人和事时，人都会不自觉地害怕出错，结果越是怕出错，就越是会出错。这条墨菲定律被无数事实证明，在体育、文艺比赛、考试、竞聘中，过分看重成败导致搞砸的事情比比皆是。

最典型的一个例子，就是瓦伦达走钢丝事件。瓦伦达家族可能是世界上最伟大的高空杂技演员世家了。20世纪70年代早期，70多岁的卡尔·瓦伦达说："生活如同走钢丝，一切都是机会和挑战。"对于他的说法，人们称赞不已。他那种专注于目标、任务的态度，以及决策能力，都令人钦佩。

然而，几个月之后，在没有安全网的情况下，瓦伦达在波多黎各的

圣胡安市的两个高层建筑之间进行高空走钢丝表演时，不幸坠落身亡。他在掉下时，手中仍然紧紧地抓着平衡杆。他曾经一再叮嘱他的家庭成员，不要把杆扔下，以免砸到下面的人，他用自己的生命实践了自己说过的话。

事情发生后，他的妻子悲痛地说："我料定他这次一定出事，他在上场之前，总是念念不忘地嘟囔：'这次演出太重要了，我只能成功，不能失败。'在此之前的历次演出中，他只关心走钢索本身，其他的事情毫不考虑。可这一次，他太看重演出的成败了，所以出了事。"后来，心理学家把这种过分担心事态的结局，内心充满患得患失的心态，称之为"瓦伦达心态"。

为什么会出现"怕什么，来什么"的情况呢？现在，我们来做一个测试：请你不要想"一群红色的大象"！告诉我，你的脑海里出现了什么？肯定是"一群红色的大象"！

美国斯坦福大学的权威人士通过一项研究得出科学结论：人大脑中

的某一想象图像，会刺激人的神经系统，把假想当成真实情况，并为此做出努力。比如，当一个高尔夫球运动员在击球之前，担心自己把球打进水里，他就一再告诉自己说：“千万别把球打进水里。”然后，他的大脑中就出现了一幅“球掉进水里”的清晰图像。结果，他偏偏就把球打进了水里。

这就提醒我们，在一些至关重要的事情面前，保持一颗平常心是很重要的事。倘若把得失成败看得太重，顾虑重重，时刻处于紧张、恐惧、烦躁的状态中，又怎么能把事情做好呢？只有气定神闲，稳住情绪，才能以不变应万变。

不是星座书写得太准了，是你相信了

你有看星座运势的习惯吗？是不是每次看到里面写的各种预测，都觉得很准？甚至每周开始之前，都会翻看一周运势，来揣测这一周的走势是高还是低？若真如此，你不妨看看下面的内容，也许会让你改观。

法国的研究人员做过一项测试，他们把恶名昭著的杀人狂魔马塞尔·贝迪德的出生日期等相关资料，寄给了一家号称能够凭借高科技软件做出精准的星座报告的公司，并为此支付了高昂的报告费用。

三天之后，这家公司整理出了一份详尽的星座报告交给了研究人员，得出来的结论是这样的：此人适应能力较好，可塑性强，这些能力可经过训练得以发挥。他的生活充满了活力，社交举止得当，富有智慧和创造力，且颇有道德感，未来会很富有，是思想成熟的中产阶级。同时，这份报告还依据贝迪德的年龄做出了预测，说他在1970~1972年会考虑感情问题，并做出承诺。

然而，真实的情况是什么样的呢？这位“颇有道德感”的贝迪德，早在1946年就因杀害19条人命而被处以死刑了。他，根本就不可能有什么未来。

拿到这份星座报告后，研究人员又做了一个测试，这一次他们给星座研究公司寄去的资料是希特勒的。而且，他们还找了50多位不知晓希特勒出生日期的星座爱好者参与讨论。研究人员询问所有的星座爱好者，认为希特勒是什么星座的？几乎所有人都认为，希特勒应该是城府极深的天蝎座，只有两个人认为他是自由主义的射手座。实际上，希特勒的生日在四月，跟这两个星座没有任何关系。最后，这些星座公司没有将希特勒的性格准确地概括出来，甚至还非常不准确地预测了他“喜欢动物、富有爱心、热爱和平”。

看到这儿，你还相信星座书里的描述吗？

2000年前，古希腊人在阿波罗神庙的门柱上铭刻了一句话——认识你自己。可直至现在，人们依然无法清楚地认识自己，也无法随时随地地进行自我反省，或是站在旁观者的角度来观察自己，多半都是借助外界的信息来认识自己，比如看星座运势、找算命先生。

可能有人会说，星座书和算命先生给出的信息中，有很多都很符合我的情况呀？这又该怎么解释呢？墨菲定律告诉我们，并非每本星座上的描述都很准，而是你相信！人们很容易相信一个笼统的、具有普遍性的人格描述，哪怕这个描述是空洞的。比如，星座书上说，你是一个容易悲观的人，你就会联想到自己悲观的一面，努力去寻找证据证实这种说法，因而就觉得很准确。倘若它说你最近的状态很不错，你也会联想到自己积极进取的时刻，并维持这种状态。心理学中将这种情况称之为“巴纳姆效应”。

其实，命运只掌握在一个人手里，那个人就是我们自己。每一个努力生活的人，运气都不会太差。所以，别迷信星座书上的文字，踏踏实实地走自己的路，做好该做的事，这才是扭转运势最可行的途径。

怨恨不一定能伤到别人，但一定能伤到自己

这是一个发生在18世纪的故事：

美国路易斯安那州的一个农场里，住着农夫弗兰克和他的一家人。一年秋天，他到镇里卖粮食，不料家里却发生了惨祸：他的妻子和五个孩子被一伙窃贼杀害了。警察局抓到了三个人，但主犯却逃脱了。弗兰克愤怒至极，他发誓，一定要抓到那个杀人犯，为家人报仇。

就这样，弗兰克追查了整整33年，终于在德州的一个小镇里发现了那个主犯的踪迹。此时，弗兰克已经是67岁的老人了。他踢开杀人犯小屋的门，冲了进去，却发现那盗贼正躺在床上痛苦地喘息呢！他马上就要死去了！那苍老的吓人的盗贼乞求弗兰克一枪打死他，但弗兰克没有那么做，他离开了小屋，坐在路边失声痛哭。他耗费了自己一生最好的光阴，得到的竟然是这样一个结局。

弗兰克的经历是悲惨的，他失去了妻子和孩子，但比这更悲哀的是，当一切都无法挽回的时候，他任由怨恨贯穿了自己的余生。可是，他得到了什么呢？他的报复对于那个仇人来说，可谓一种解脱，而他损失的三十几年光阴，却再也回不去了。

墨菲定律提醒我们，无论是主动的还是被动的，怨恨都是一种郁积着的邪恶，它窒息着快乐，危害着健康。你的怨恨，未必能够伤害到你怨恨的人，但一定会伤害到自己。憎恨别人这件事，从某种意义上说，就如同为了杀死一只老鼠而不惜烧毁自己的房子，可结果往往是，房子

被烧毁了，老鼠却不一定被干掉。

生活本已够累，若在精神上还不懂得善待自己，释放心灵，实则是苦了自己。若总是觉得自己内心憋屈，忍不住去怨恨别人，那么请你记住：这个世界上，还有人比你更倒霉，经历更多、更大的痛苦，可他们却都可以相逢一笑泯恩仇。

曼德拉，南非的民主斗士，太平洋孤岛囚犯，南非的总统。他因为领导反对白人种族隔离政策被捕入狱，被关在荒凉的罗本岛上27年。身为要犯，他被三人看守，他们对他并不友好，经常以各种理由凌辱虐待他，甚至拳脚相加。

1991年，南非种族隔离斗争胜利了，曼德拉被释放，当选为南非首位黑人总统。曼德拉上台以后没有把伤害过他的人送进监狱或者杀掉，而是让他们享受和大家一样的政治和生活待遇。其实，他完全有理由这样做，可他没有。这足够让那些伤害过他的白人自叹不如、羞愧难当。

在就职典礼上，他起身致辞迎接来宾，他深感荣幸能够接纳世界各国的政要，他更高兴的是，当初他被关在罗本岛时，看守他的三人也到场了。年迈的曼德拉缓缓站起身来，恭敬地向三位关押他的看守致敬，在场所有人都惊讶了。

后来，克林顿的夫人希拉里关切地问及此事，曼德拉平静地说："当我走出囚室，迈过通往自由的监狱大门时，我已经非常清楚，自己若不能把悲痛与怨恨留在身后，那么我其实仍在狱中。"

不肯放下心中的仇恨，是对自己的不负责任，这份恨意会让生活陷入黑暗，会让心灵陷入迷途。不懂宽恕的人，永远都在画地为牢。当不好的事情发生时，学会慢慢地接受现实，消融内心的仇恨。姑且不谈宽容是多么伟大的品性，放下怨恨的最终目的，其实是为了让自己好过一点。

别再垂头丧气了，明天未必比今天好

提到希望和美好，人们总会情不自禁地想到一个词语——明天。

之所以会有这样的联想，多半是因为过去发生了一些不愉快的事，眼下的境遇也不怎么令人满意，所以就把心愿寄托于明天。似乎到了明天，血淋淋的创伤就能被抚平，不完美的东西也能变得完美，不能拥有的也可以在未来的某一天属于自己。

愿望很诱人，但现实却很无情。人生是充满戏剧化的，天灾人祸，病痛折磨，都是生命历程中无法预知的，谁能知道明天会发生什么？这不是悲观，而是客观规律。人生是不完美的，无论我们采取怎样的态度，都无法改变这一事实；有些灾难是难以控制的，无论我们多么聪明，都无力抗争。

有一首诗写得很好：“不要为昨天叹息，不要为明天忧虑。因为明天只是个未来，昨天已成为过去。未来的不知是些什么，过去的只能留作记忆。只有今天，才是你真正拥有的。今天，是你冲锋的阵地。缅怀昨天、把握今天、迎接明天。昨天是成功的阶梯，明天是奋斗的继续。”已过去的无法改变，未到来的尚无定数，能拥有和把握的只有现在。

《哈佛图书馆墙上的训言》中有这样一个故事：

在华盛顿街区的一个屋檐下，有三个乞丐在闲聊。一个乞丐说：“想当年，我用10万美元炒成了百万富翁，要不是股票暴跌……”另一个乞丐说：“那是多久以前的事了，还提呢？看着吧，我明天早上到垃圾桶瞧瞧，也许那里就有一张百万美元的支票，哈哈……”第三个乞丐没有说话，独自走到别处，他知道自己必须填饱肚子。而此时，那两个乞丐还在回味着过去的辉煌、憧憬着美好的未来。第二天早上，人们发现，那两个怀念过去和畅想未来的乞丐因为饥饿数日而亡，而那个寻食的乞丐正吃得香呢！

三个乞丐，影射着生活中的三类人：活在过去，活在明天，活在当下。

活在过去的人，大都活在过去的光环里，总是记着曾经的辉煌，上了年纪的人就喜欢做这样的事情，因为没有多少明天可以活了；活在明天的人，大都很理想化，没有到来的东西任凭自己想象，年轻人就喜欢做这样的白日梦，因为过去没有什么经历。

可惜啊，这两种都过得不太好，他们总在用过去的美好和未来的愿景，安抚今日的失意。他们不想面对现实，害怕面对现实。其实，怀念过去和畅想未来，不过都是自欺欺人而已，今天已经虚度，人生就又少了一个创造奇迹的可能。

今天是明天的基础，今天过不好、垂头丧气，明天可能会更糟。与其等着明日天降奇迹，倒不如今天就开始微笑，珍惜眼前的分秒。当你专注于眼前，脚下的路就会慢慢明朗起来。所以，别再留恋过去、展望未来了，还是好好把握现在吧！

所有的不幸，只有被认为不幸时才是真的不幸

相传，印度曾有一位很会治理国家的君主，他经常微服私访，到民间体察民情。在他的治理下，国家繁荣进步，百姓安居乐业。

贤明的君主身边，自然少不了得力的干将，这位国王也不例外，他非常器重一位丞相，有什么重要的大事，都会先请教丞相，听听他的意见和看法。

某日，天突然下起大雨，国王外出的计划被打破了。国王问身边的丞相："你说，这场大雨好不好？"丞相回答："好！大雨过后，街道干净清洁，空气清新。您可以享受雨过天晴的美妙景色，还能够深入民间巡视民情。"国王听了很高兴。

次日，国王想外出巡视，没想到天气异常炎热，国王坐在大殿里就已经汗流浃背。于是，他又问丞相："这么热的天气，出门好不好？"丞相不假思索地说："好！这样的天气是印度近日少有的，您若出巡的话，可以更加了解我们国家的百姓在这种炎热的天气里，到底在做什么？"听了他的话，国王义无反顾地出门了。

国王和丞相相处得一直很融洽，不仅在国事上经常商讨，还经常一起去打猎。

那次，国王在检查猎器时，不小心被猎器斩断了一截手指。国王忍

着疼痛，问丞相：“我的拇指被斩了一段，这到底是什么寓意？好还是不好？”不料，丞相却说：“好。国王陛下。”国王一听，顿时火冒三丈，认为丞相简直就是落井下石，一气之下命人把丞相关了起来。

国王以为，进了牢房的丞相会“知错”，便问：“你被关在牢房里，好不好？”没想到，丞相还是说：“好，很好！”国王气坏了，说：“那你就在这儿多住几天吧！”说完，就走了。

几天后，国王又想去打猎了，这时他想起丞相来，可是碍于面子，又不想释放丞相，只好一个人单独骑马去打猎了。平日里，丞相比较熟悉地理环境，总是他带路，两个人也总是满载而归。这一回，国王单独打猎，在森林里追了好几个小时的动物，却什么也没打着。国王很沮丧，骑着马在森林里游荡。

很快，夕阳西下，倦鸟归巢。国王也累了，便下马牵着马儿走。突然，他发现周围的环境很陌生，心里不由得一慌，他意识到自己可能是迷路了。国王正苦闷时，一不小心跌到了捕捉动物的陷阱里。那陷阱很深，国王挣扎了半天想爬出来，可都失败了。

过了一会儿，国王听到了急促的脚步声，且越来越近。他大呼救命，来者把他救了上来，还没顾得上高兴，他就陷入了恐慌之中。原来，来者是邻国食人族的土人，他们把国王带回了部落。

当天晚上，食人族上下皆大欢喜，围着国王唱歌跳舞。国王被绑在一根十字架上，脚下堆着木柴，他们准备点火，吃烧人肉。国王无法和食人族用语言沟通，只有默默地等待着奇迹出现，否则就真的难逃一死了。

仪式开始了，酋长示意众人坐下。之后，一名巫师开始祭礼，用清水喷在国王身上，逐步检查他身体的各个部位。当他查到国王的手时，低声感叹，不停地摇头。众人不知道怎么回事，都觉得很惊奇。

巫师对酋长说：“我们族人只吃完整的动物，他是不祥之物，因为他的拇指断了，我们不可以吃他。”酋长连忙跑过去看，发现国王的拇指果然少了一截，当即就放了他。

国王总算是有惊无险，捡回了一条性命。他很激动，回到国都后连忙去监牢里看望丞相。一见到丞相，他就抱着这位“恩臣”哭了起来，嘴里不停地念叨：“现在我才知道，为什么你说我的断指是一件好事，它救了我一命，我错怪了你。”

紧接着，国王又问丞相：“把你关在牢里十几天，你还好吗？”大臣笑着说：“好，很好。”国王不解，问其原因。大臣说：“陛下，如果您不把我关进监牢，那么我一定会跟随您去打猎，我们可能会一起被食人族抓去。您因为断指能保全性命，但我必死无疑，因为我很完整啊！”

故事讲完了，道理却耐人寻味。世间每件事都不是绝对的，看似好的开始，却未必有好的结局；看似坏的开始，却未必真的那么糟糕。好事与坏事都不是绝对的，在一定的条件下，两者是可以相互转化的。

很多时候，幸福也是一样，总是被包裹在不幸的外衣里。所有的“不幸事件”，都只有在我们认为它不幸的情况下，才会真正成为不幸事件，若能从不幸中看到幸福，结局就会别有洞天。

如果事情可以更糟，别着急，它肯定会的

生活总是沟壑不平，坎坎坷坷。每个人都可能陷入糟糕的境地，怕就怕，你自认为那已经是绝境。墨菲定律告诉我们，没有最糟，只有更糟。如果事情还可以更糟，那它就真的有更糟的可能。

翻开网页看看，世间不幸者太多了，且是厄运连连。有些人家境贫寒，家中有人身体不好或早逝，还偏偏遭遇各种横祸和意外，让旁观者不禁皱眉感叹：为什么他们总是遭遇不幸？难道是上天故意给他们的折磨吗？如果是故意的，那也足够多了啊！

其实，这并不能全部归咎于命运。如果事情还可以更糟的话，即便更糟糕的情况没有出现，它也已经处于潜伏状态了，只不过我们未曾发觉而已。磨难太多固然不是好事，但决定情况能否变得更糟的，最主要的因素还是个人面对挫折时所采取的人生态度。

让我们看看林肯的一生：出生时家里一贫如洗，9岁时母亲去世，15岁才开始读书。24岁时与人合伙做生意，因经营不善而倒闭，并因此负了15年的债。后来，他再次经商，依然以失败告终。他八次竞选，八次落败，甚至还精神崩溃过一次。

面对这些挫折，林肯的选择是不放弃，继续前行。终于，在1860年，他当选为美国总统。然而，厄运和磨难并未远离他。刚当上总统不

久，南北战争就爆发了，他在初期的战争中屡战屡败，最后好不容易统一了美国，再次当选总统。一切刚刚尘埃落定，他就在去福特剧院看戏时遭到了刺杀，结束了这充满苦难却又不凡的一生。

林肯的一生，从未离开糟糕的境遇，似乎是越来越糟。换作常人，也许早已选择放弃，甚至已经无力再站起。但林肯没有退缩过，一直向前走。正因为此，他才改写了美国的历史，成为至今依然受人敬仰和怀念的总统之一。

很多人都有林肯的倒霉，却没有林肯的成功，区别就在于身陷囹圄的时候，只想着一味地抱怨、乞怜。要避免事情朝着更糟的方向发展，就要在糟糕的境遇中竭尽全力地去做力所能及的事，努力去扭转和挽回局面，避免更大的损失和伤害。

接受了最坏的东西，也就没什么可怕的了

已故的美国小说家塔金顿曾说，他可以忍受一切变故，除了失明，他绝不能忍受失明。结果，怕什么，偏偏来什么。令塔金顿最为恐惧的事，终究还是发生了。

在他六十岁那年的某天，他看着地毯时，突然发现地毯的颜色渐渐模糊，他看不出图案了。经过检查，医生告诉他一个残酷的真相：他有一只眼差不多已经失明，另一只眼也接近失明。

面对这最大的灾难，很多人猜想，他肯定会觉得人生完了，纵然不会一蹶不振，但肯定沮丧至极。出人意料的是，他还挺乐观，甚至可以用愉快来形容。当那些浮游的大斑点阻挡了他的视野时，他幽默地说："嗨，又是这个大家伙，不知道他今早要到哪儿去！"等到眼睛完全失明后，塔金顿说："我现在已经接受了这个事实，也可以面对任何状况。"

为了恢复视力，塔金顿一年里要接受十二次以上的手术，而且是采用局部麻醉。有人怀疑，他会不会抗拒？没有。他知道这是必须的，无法逃避的，唯一能做的就是优雅地接受。他放弃了高档的私人病房，而是跟大家一起住在大病房里，想办法让大家开心点。每次又要做手术的时候，他都提醒自己："我已经很幸运了，现在的科学多么发达，连眼睛这么精细的器官都可以做手术了！"

想象一下这件事，要接受十二次以上的手术，还要忍受失明的痛苦，不知多少人在听闻此事后会崩溃。不过，塔金顿学会了接受，还坦言自己不愿意用快乐的经验来替换这次体会，也相信人生没有什么事能够超过自己的容忍力。

生活的不容易，在于谁也不知道会遇到什么不幸，而当那些不幸毫无悬念降临的时候，我们必须去面对。偶尔，可能会想到逃避，这也无可厚非，因为每个人心里都有一些柔弱的地方，一下子难以接受也是正常的反应。如果说想明白逃避无用这件事之后，能鼓起勇气面对，那么生命便会因此而成熟，心灵亦会因此而强大。可怕的是，内心软弱不去面对之余，还对生活充满怨恨，这才是让人精神崩溃的根源。

应用心理学之父威廉·詹姆斯说过："能接受既成事实，是克服随之而来的任何不幸的第一步。"林语堂在他那本《生活的艺术》里也说过同样的话："心理上的平静能顶住最坏的境遇，能让你焕发新的活力。"

接受了最坏的结果之后，我们就不会再害怕失去什么了。

不过，消除忧虑也不是一蹴而就的，要循序渐进地把问题解决掉。当你一步步地采取措施时，就会发现：问题的解决没有当初想象的那么可怕。在这里，我们不妨借鉴一下卡瑞尔公式：

第一，在出现问题的时候，不要惊慌失措，仔细回顾并分析整个过程，确定如果失败的话，最坏的结果是什么？

第二，面对可能发生的最坏情况，预测自己的心理防线，让自己能够接受这个最坏的情况。

第三，有了能够接受最坏情况的思想准备后，就要回归平静的心态，把时间和精力用来改善那种最坏的情况。

当你咒骂倒霉时，那不过是一个开始

有没有那么一段时间，你觉得自己简直就是被厄运缠身了？

各种麻烦都降临到你的身上，不管走到哪儿，生活都是一团糟，心情也跌到了谷底。反复了几次之后，你开始相信所谓的命运，认为自己就是被上帝随意摆弄的棋子。

在极度消极的情况下，你开始回忆发生在自己身上的一连串倒霉事。

上班的路上，不小心摔伤了脚踝，没有办法正常工作，只好请假休息。结果，那天刚好是领导想把重任交给你的日子，由于你的缺席，这项任务就转交给了其他同事。那位同事顺利完成了任务，得到了老板的赏识，很快就升职了。

好不容易熬到出院，想回家好好放松下，却发现家门钥匙丢了。你不得不找人开锁、换锁，又额外花了一笔钱。这样的倒霉事，让你心情很差。第二天，心神不宁的你又弄坏了一个心爱的物件，那是你花费半个月的工资买下的，价格不菲……于是，你开始烦躁，心里咒骂道："为什么要跟我过不去，为什么让我如此倒霉？"

你以为，这样的咒骂就能驱赶走厄运吗？墨菲定律告诉我们：这场可怕的游戏才刚刚开始！一旦你遇到了麻烦，你就会再给自己添麻烦！

为什么会这样呢？你一定听过吸引力法则吧？遇到了麻烦事情的人，如果将注意力放在了当前正处理的麻烦事情上，他就会吸引与前面麻烦频率相同的事物，比如人际矛盾、沟通障碍。这些麻烦又会替代原来的麻烦，从而引发更多的麻烦，形成恶性循环。

不可否认，这些麻烦的出现有一些巧合的因素在里面，但究其根本，还是心理失衡导致的不良心态引发的。

其实，祸未必不是单行，只是当灾祸降临后，人的情绪容易恍惚不定，对祸的感受也变得更敏感，从而容易引起连锁的灾难，甚至平时觉得不是什么麻烦的事情，也被视为灾祸。

与其咒骂命运，哭诉自己倒霉，不如抛开那颗烦恼心。遇到麻烦后，客观对待它，就事论事，找到问题的真正原因，养成分析问题、解决问题、终结问题的习惯。再者，还要学会控制自己的情绪，心态出现偏颇的时候，要及时调整，保持一个冷静的状态。只有这样，才能把糟糕的根源扼杀在土壤里，不让它四处泛滥。

越为已经失去的伤心，便会失去得越多

你在生活中有过这样的困扰吗?

明明不喜欢自己的职业，可是已经在这个行业里工作了很多年，也就放弃了转行；自己原本没有音乐才华，可还是硬着头皮在学钢琴，因为买钢琴的时候花了不少钱，还为此报了一个培训班；跟在一起的人已经没有了感情，却因为在一起时间久了，都为彼此付出了很多，觉得不结婚对不起过往的岁月，就迈进了围城。

经济学中将一些已经发生、不可回收的支出，如时间、金钱、精力，称为“沉没成本”。在不可逆转的局势面前，我们往往会做出错误的决定，看起来似乎是为了挽回损失，结果却造成了更大的损失。显然，这样的决策是不理智的。

美国哥伦比亚大学心理学博士海蒂·哈沃逊认为，一旦你认识到成功无望，就不应该在乎那些已经投入的时间与精力，因为越是在乎这些，越容易影响你余下的时光，让它变得没有意义。

一个理性的经济人在作出决策的时候，要涉及沉没成本和机会成本。只是，现实中大多数人由于决策者思维的错位，将这两种成本相混淆，反而做出了不利的选择。大多数经济学家们认为，如果你是理性的，那就不该在作决策时考虑沉没成本。

当你买下一张电影票的时候，你并不知道这场电影是否符合你的品味，而你已经为此支付了一定的成本。接下来，当电影开始几分钟之后，你不情愿地发现你对电影的情节并不感兴趣，想要退票是不可能了。两种情况下你都已经付了钱，所以不应该再考虑钱的事。当前要做的决定不是后悔买了票，而是决定是否继续看这部电影。因为票已经买了，后悔已经于事无补，所以应该以看免费电影的心态来决定是否再看下去。作为一个理性的经济人，选择把电影看完就意味着要继续受罪，而选择退场无疑是更为明智的做法。因为成本一旦沉没了，就不再是机会成本。

所有的成大事者，几乎都懂得这个道理。有一次，印度“圣雄”甘地乘坐火车出门。不巧的是，他刚刚踏上车门，火车正好开动了，他的一只鞋子不慎掉到了车门外。旁人看了很着急，试图帮他捡起，但车子开动了根本不能够得到。这时，甘地随即脱下了另外一只鞋子，朝着第一只鞋子掉下的方向扔了出去。身边的人对他的举动感到十分惊讶，便问他为什么这样做？甘地告诉他：“如果一个穷人正好经过这条铁路旁边，这双鞋子对他而言或许是一个收获！”

对我们而言，过去所说的话、所做的事无论对错，无论如何后悔，都已经无法更改，这与沉没成本的道理是一样的。昨天的成本已经付出了，是赢是亏，都是昨天支出，从今天来看，这些成本是昨天的沉没成本。在思考问题时总是后悔莫及、悔不当初，其实是非理性的，是自己给自己寻找痛苦。我们要把无法更改的糟糕情况当成坏账损失和沉没成本，不为打翻的牛奶哭泣，对不可追求的东西及时放手，做一个敢于放弃的聪明人。

有人旁观的时候，事情一定会出错

站在学校文艺演出的舞台上，即将演奏钢琴曲的小姑娘焦急地看着台下的人们，她的手心已经出汗了，手也有点颤抖。那首曲子她已经练习了很多遍，非常娴熟，可这一刻她却突然忘记了该怎么弹奏，大脑一片空白。从半个月前，小姑娘就开始为这次表演做准备，她一直不断地练习自己的钢琴曲，一个人演奏的时候非常顺利。但是现在，她什么都记不住了，简直就要哭出来了。

至于结果，你猜到了，就是糟糕收场。

这不仅仅是因为小姑娘年龄小，心理素质不够好。回想一下我们自己，在平日的工作和生活中，一旦被他人的视线聚焦，心情也会紧张，而原本能够做到的事情，也时常被搞砸。所以，墨菲定律就说：“有人旁观的时候，事情一定会出错。”

为什么会这样呢？就以小姑娘演奏钢琴曲为例，我们可以从心理学角度分析一下。

首先，演奏乐器本身就不是一件简单的事情，它涉及到人脑中几个区域的协调运作。小脑负责最基本的东西：姿势是否正确，手指要放在什么地方。脑壳储存演奏技巧，海马体帮助找到新的演奏方法，运动与感觉区负责指导实际上的肌肉运动，额叶皮质负责考虑演奏。

在练习的时候，用于处理各个区域的协调时间，与处理其他的时间是一样长的。当它们完美配合的时候，演奏就会变得很流畅，似乎不需要动脑一般。然而，旁观者的存在，却打断了这一切。大脑中各个区域产生的新想法打乱了原本的镇定。这时，人就会被一些之前没有思考过的问题所困扰，比如“我的发型有没有乱，是否有人注意到我脸上的痘痘，我的裙子会不会突然坏掉……”这些没必要的担心，扰乱了演奏。与此同时，我们也会通过旁观者的表情来判断自己的演奏水平。在练习的过程中，我们没有为这种突如其来的干扰做准备，一旦变得害羞了，就失去了协调的能力。

有没有什么办法，能够减少这种情况的发生呢?

其实，想把事情做好，最简单的方法就是克服害羞的本质，让大脑重新恢复冷静，忘记那些旁观者的存在。比如，可以到人多的地方练习，让大脑适应这种情况。这就好比，经常爬山的人不会恐高，当你习惯性地把旁观者屏蔽掉的时候，就不会那么紧张了。

假装生气会变成真生气，假装快乐也会变得真快乐

有一位车行的老板，年轻时是F1赛车手。朋友问他，作为一个赛车手最重要的是什么，他总是说："除了胆量之外，最重要的是，你必须要在高速车道转弯时，用你的大脑来控制车子的转弯，而不是用双手和方向盘，否则就会翻车。"

朋友很吃惊，对这样的回答无法理解。按照正常的思维，我们都是用方向盘来操控转弯的呀！

车行老板解释说："在比赛中，车子转弯时的速度非常快，以至于整个车子几乎都是悬空的，车手基本上就失去了对车子的控制。这个时候，只要你脑子里想着车子要去的方向，眼睛也紧紧盯着要前进的方向，手和车子才会朝着你希望的方向去。如果你想的是千万不要翻车，那么车子一定会翻。"

心理学家詹姆斯提出过

这样的一个理论：我们之所以快乐是因为我们笑了，悲伤是因为我们哭了，身体反应会导致情绪反应。

这不是夸大其词，大脑的力量就是这么神奇。现实中，我们会看到一些职业演员，在演悲情剧的时候，真的能打动观众，而他们将其称之为“入戏”。那是因为，他们心中切实地感受到了主人公的悲伤，最真挚的感情被调动出来，继而感染了观众。

同样的道理，如果你假装生气，大脑可不知道你是装的，它就会朝着生气的方向前进。过了一段时间后，就会变成真生气了。如果你明明不开心，却逼着自己去看看喜剧电影呢？没错，笑一笑也会让你真的变快乐。

所以，多想想自己渴望的结果，让大脑帮我们完成愿望。若是整天想着那些不顺心的、坏的结果，那多半就会碰见墨菲先生——怕什么来什么！

篇 4

生活：
放弃侥幸心理，没有什么事是绝对的

你不担忧某件事发生，它也可能会发生

生活总是这样，越害怕什么，越会来什么。那么，如果我们不害怕的话，是不是就不会发生了呢？

哎，生活没那么简单！墨菲定律告诉我们：就算你不害怕某事发生，它依然有可能发生。

19世纪和20世纪初的法国女演员中，莎拉·伯恩哈特是一颗璀璨的明珠，也是一位生活的智者。她很懂得如何适应那些不可避免的事实。71岁那年，她破产了，且还面临着把腿锯掉的残酷境遇。

整件事的经过是这样的：她在横渡大西洋的时候遭遇了暴风雨，摔倒在甲板上，腿伤得很重，还染上了静脉炎，腿痉挛。剧烈的痛苦折磨着她，医生诊断，她的腿必须要锯掉。当时，医生很害怕把这个消息告诉莎拉，因为知道她的脾气很糟糕。他相信，当莎拉听到这个消息时，肯定会产生剧烈的情绪波动。

然而，这一次，医生错了。

莎拉得知情况后，看了医生数秒，很平静地说："如果非这样做不可的话，那么也只好这样了。"当她被推进手术室的时候，她的儿子在一旁伤心地哭。她朝他挥了挥手，笑着说："不要走开，我马上回来。"

在去手术室的路上，莎拉一直背诵着她演过的一出戏里的几句台词。有人问她，这样做是不是为了给自己鼓劲儿？她说："不，是要让医生和护士们放松点儿，他们承受的压力可是大得很呢！"

当手术完成、恢复健康后，莎拉·伯恩哈特继续环游世界，让她的观众又为她疯狂了7年。

我们不过都是芸芸众生中的普通人，这个世界上有太多的事情是我们无法控制的，甚至是我们无能为力的。当有些不好的事情已经发生，或是必然要发生的时候，除了接受以外，我们没有其他办法。害怕、担忧、抗拒、愤怒，都不能解决问题，只会让事情变得更糟。当我们不再那么抵触那些自己无法控制的事情时，我们往往就能够节省精力，去做更有意义的事。

一件事只要有可能出错，就一定会出错

犯错，是人类与生俱来的弱点。任何人做任何事，都有出错的可能，即使概率非常小，但只要存在出岔子的可能，就一定会出岔子。而且，这种小概率事件发生的频率，远远高于我们常识所认为的水准。

统计学中的《大数定律》也解释这一现象：某一个极小概率的事件，当实验的次数趋向于无穷大的时候，你去看整个发展历程，小概率事件发生的概率趋向于1，也就是说，必然会发生。

这就好比，做一项工作有很多方法，其中有一种方法会导致事故，那么一定有人会按照这种方法做；你一个月前在浴室打碎镜子，仔细检查和冲刷，也不敢光着脚走路，过了一段时间觉得没有危险了，可你还是被碎玻璃扎了脚。

看，这就是把小概率事件错误地等同于不会发生。结果，松懈大意了，加大了事件发生的可能性，出错的概率也就增加了。可以这样说，是侥幸心理让我们主观上降低了事故的发生概率，但客观事实却告诉我们，事故的发生不会因为我们的主观臆断而改变。

飞机被公认为是世界上最安全的交通工具之一，一般情况下不会有事故。统计数据表明，飞机造成人员伤亡的事故率是三百万分之一。这就是说，要积累三百万个航班，假设你每天坐一次飞机，要飞上8200

年，才有可能遇到一次事故。

这个安全系数相当高了吧？绝对比走路和骑自行车都安全。可现实中我们看到的情况是什么样呢？机毁人亡的事件几乎每年都在发生，造成的破坏比走路和骑自行车高出许多倍。

再来说说泰坦尼克号，当年的建造者曾经宣称：“这是一艘永远不会沉没的轮船。”结果呢？泰坦尼克号还是在东普罗维登斯那一片远离冰川密集区的海域，撞上了冰川！人们都觉得，这件事发生的概率太小了，几乎是不可能的，所以轮船上就没配备太多的救生艇。

其实呢？这艘巨轮的灾难，很早就有了“预警”，只是人们太疏忽大意了。

1898年，英国作家摩根·罗伯森写了一部小说，名叫《泰坦的遇难》。小说的内容描写了一艘名叫“泰坦”号的巨型邮轮，在处女航中因海上大雾，撞上冰山最终沉没。故事情节还穿插了旅客的爱情故事以及生离死别的人间悲剧。

14年之后，也就是1912年，英国建造了“泰坦尼克号”豪华邮轮，并于同年4月10日从英国作横渡大西洋直驶纽约的处女航。就是这艘有史以来吨位最大、设备最完善的巨轮，在航行了四天以后，竟然跟罗伯森小说中的情节一样，撞上冰山沉没了。

人类再聪明，也无法把事情做到尽善尽美，就像所有的程序员都不敢保证自己在写程序时不会犯错，但我们又习惯心存侥幸，认为“不太可能”的事情就不会发生。

可惜啊，人生不是每时每刻都那么幸运，任何一件事情，只要有大于零的出错概率，我们就不能假设它不会发生。如果有谁误认为它不会出现，麻痹了防范意识，他迟早会被那块曾经侥幸绕过去的石头绊个大跟头！

自以为买到了便宜货，出门就发现还有更便宜的

买东西的时候，我们总习惯货比三家。对于同一件商品，经过反复的思量之后，我们肯定会买价格最低的那个。没交钱的时候，心里沾沾自喜，觉得买到了便宜货。可是，刚走出商店的大门，就发现其他地方卖得更便宜。

这样的事情屡见不鲜，为什么我们会掉进这个“陷阱”中呢？其实，就是因为我们太想找到最便宜的，在付款的时候，我们已经权衡许久了，认为这家的东西肯定是最便宜的，所以才会掏钱。但是，同样的产品在不同的地区，肯定会有价格差异，我们能找到相对便宜的，但没办法找到最便宜的。无论在哪儿，最便宜的都只有一家店，而相对便宜的却有很多家在卖。所以，从概率上来讲，买到相对便宜的可能性，比买到最便宜的那一个可能性大很多。

这也提醒我们，买东西的时候进行比较很有必要，一旦买完了就不要再去比较了，那样只会让自己的心情变糟，甚至让你发誓下一次一定要去最便宜的那家买。但实际上，有没有买到最便宜的东西不是最重要的，重要的是你买的这个东西是否让你满意。如果买了一大堆便宜货，但又没有用武之地，那就没有意义了。

美国人很重视感恩节，在这个节日期间，很多人都会进行大采购，而商家也会为了促销开出前所未有的低价格。不少人都赶在这个日子里到商场血拼，把自己看了好久的商品买回家。为了买到便宜货，有人一早就冲进商场，把准备买的东西抢到手。当时觉得自己赚到了，高兴之余还买了不少打折商品。然而，回到家后，在跟家人展示自己的“战绩”时，才发现买了很多根本用不上的东西，甚至家里已经有的商品。这个时候，购物时的兴奋感已经退却，涌上来的则是懊恼和后悔，觉得自己太不理性了。

其实，商家打折不过是一种营销手段，很多商家会借助这个机会把残次品或难以销售的商品进行处理，实际上并没有表面上看起来那么实惠。商家也是要盈利的，不可能做赔本的生意，有些手段不过是怂恿消费者放松警惕罢了。

对于购物这件事，别因为便宜就入手，也别因为贵就退而求其次。买到自己真正需要的东西，让所买的东西物尽其用，这才是理性的消费。秉持这样的消费理念，能减少许多不必要的懊悔。

堵车的时候，总是旁边的行车道动得快

在城市里开车，最大的烦恼就是堵车了，更令人沮丧的是，不管你选择哪一条车道，都会不自觉地感叹自己判断失误，因为旁边车道的车辆总是在不断地往前走，而自己的车却总是原地不动，半天也挪动不了几米。漫长的堵车路，怎能不让人心急？

那么，“总是旁边的行车道动得快”，到底是不是事实呢？

其实，如果你拿着工具对比一下自己所站的队伍和其他队伍的行进时间，就会发现每个队伍花费的时间都差不多。可为什么我们总会觉得自己所在的队伍是最慢的呢？

首先，我们要面对一个事实，那就是所有的队伍都是缓慢的，且排队本身这件事又是那么枯燥，一想到排队我们就会不由自主地感到不安。我们只记得自己曾经排在了一个巨慢的队列中，却不会记得自己排

在快的队列中。因为，大脑对准确性这些东西没兴趣，当我们在排队的过程中缓慢移动的时候，就会悲观地预测自己排在了最慢的队伍中。

每一个排队的人，心里都在揣测一个问题：怎样选择一个行进快的队列？带着这个目的，我们就会紧盯着周围的队伍，找寻最容易的目标。有些人一直盯着最快的队伍不放，结果刚刚跑到那个队列中，就发现自己原来的队伍开始快速移动了，而自己排的队变慢了。

这就是墨菲定律告诉我们的，当你向移动更快的队伍移动时，它就会瞬间慢下来或直接停下来，而刚刚离开的那一队就会跑到前面去。

那么，真相到底是什么样的呢？

我们还以堵车排队为例。通常，车队都会按照顺序向前移动。不过，人们总觉得其他的行车道会比自己所在的行车道移动得更快，且认为自己一定会被落下。但是，如果能将旁边的车辆作为对比对象，就会发现，它跟自己的位置一直都保持着差不多的距离。

既然如此，为什么我们还是会觉得旁边的车道移动得更快呢？

因为，当我们在看旁边的车辆移动的时候，会留心到车辆之间的距离增大，觉得整个车队的长度都变长离开。这就意味着，当一排10辆车的车队行驶的时候，就变成了20辆车队的长队。当车队开过的时候，会让你觉得有20辆车开了过去，然后停了下来。当自己的车队移动的时候，却在很短的时间内就停了下来。其实，你移动的距离很可能已经超过了10辆车，但是这些车都挤在一起，并不会让你这样觉得。所以，我们就产生了旁边车道移动得更快的错觉。

你也别担心，其他车道的司机也会认为你所在的行车道移动得更快。从心理上来讲，大家都是一样的焦急，一样的沮丧。这样一想的话，会不会觉得舒服点儿？

找东西最快的办法，就是去找其他的东西

找不着东西，恐怕是每个人都不可避免会遇到的麻烦事。脑子里对这个东西有一个大致的印象，记得最后一次使用它的情况，可就是记不清楚放在哪儿了。于是，匆匆地乱翻，却怎么也找不到。等你停下来，突然发现，要找的东西就在最显眼的地方，甚至就在自己身上。亦或者，你身上和手里都没有，等你放弃了要找它的念头，过几天却意外地发现了它。

对于找东西的情形，墨菲定律有很多不同的描述：

· 找东西要从想不到的地方找起。

· 东西总在最显眼而你却看不到的地方找到。

· 丢了的东西，总要找到最后一个地方才找得着。

· 找东西最快的方法，就是去找其他的东西。

· 找东西，往往找的到的不是正想找的东西。

· 找不到的东西在换了新的之后，就会奇迹般地出现。

上述的任何一种现象，都让人抓狂。可是，无论我们怎样抓狂，有些东西急着用的时候，还是得找。那么，有没有什么办法能够让找东西变得容易一些呢?

迈克尔·所罗门教授为了解决找问题的难题，特意写了一本书，名字就叫《怎样找东西》，他在书中提出了许多有参考价值的建议。

所罗门指出，找东西的时候，首先不要急于寻找，而是要静下心来想办法。翻箱倒柜、漫无目的地去找，是错误的做法。通常，东西没有丢，丢的是我们的正常思维。在开始寻找东西前，一定要放平心态。你可以坐下来喝杯水，想想东西可能会丢在哪儿，然后再去找。盲目的恐慌会让我们变成“睁眼瞎”，就算东西摆在眼前，也视而不见。

所罗门在书中，还给出了多条建议：

“东西经常会待在最初的地方，你是不是有存放东西的固定之处?先找那里，别让眼睛左右你的思维。万一没有的话，很可能在你最后一次使用完放置的地方。”

“有时东西只是放错了位置，并没有丢。据我观察，东西经常在你认为的地方周围半米处，如果没有，它可能被某个物体盖住了。掀开遮蔽物，或者前后左右多走几步看看。”

不得不说，所罗门的办法有许多可取之处。但是，如果你费劲全力找遍了所有地方，还是没有找到的话，那还是相信墨菲定律吧！如果你买了新的东西之后，那个物品还是没有出现，那它就是真的丢了。接受这个现实，然后继续生活。

如果不能解决某个问题，就不要制造这个问题

一位老者很有智慧，经常有人向他请教，而每一次他都能给出精妙绝伦的解答。

有一次，一位自负的年轻人想戏弄这位老者，就想了一个离谱的问题故意刁难老者。

年轻人问："先生，如果我在一个完好的玻璃瓶里养一只小鸭子，等鸭子长大了，它已经无法从瓶口这个唯一的出口出来了，我如何才能不把玻璃瓶打破而让这只鸭子活着出来呢？"

听到这个问题后，老者没有回答。年轻人很得意，心想："这下，总算被我问住了。"他说："先生，您先想想这个问题，我先告退

了。”他刚跨出房门，老者突然说：“年轻人，请留步。”

年轻人转过身，问：“先生，还有什么事吗？”老者说：“你当初把那只鸭子放进瓶子里养的时候，能确保它将来长大后，你可以不打破瓶子就让它活着出来吗？”

一时间，这个自负的年轻人不知该如何作答了。老者说：“年轻人，我们生下来是要解决问题，不是制造不能解决的问题啊！”

看完这个故事，你有什么感受？是不是觉得，这样的情节在现实中也很常见？有些人总是喜欢给别人出难题，挖空心思去制造问题，可他们从来不问问自己，有没有能力解决这种问题。有些人可能不是故意的，但因为不太了解自己，而制造了一些自己和他人都无法解决的问题。

透过这个例子，我们应该清醒一点，不管什么时候，都应该加强自我认识，让自己成为一个善于解决问题的人，而不是成为制造问题的人。

穷的时候觉得有钱幸福，有钱了却又觉得钱带不来幸福

有一个人他饿得饥肠辘辘，好不容易碰见了一个卖烧饼的，他非常开心连忙跑过去买来吃。

吃第1个烧饼的时候，他觉得太好吃了，狼吞虎咽就吃完了，可是仍旧不饱。于是，他又开始吃第2个，第3个，第4个……直到他吃到第10个烧饼的时候，突然感觉吃不进去了，他看着自己的肚子说："真奇怪，吃了9个都不饱，还是这最后一个管用。早知道这样，一开始就吃第10个好了，白白浪费了9个烧饼，还花了我不少钱。"

为什么饥饿的人得到的面包不断增加，他的幸福感和快乐感却随之减少了呢？这就牵扯到了边际效用的问题。对于一个饥肠辘辘的人而言，第一个烧饼无异于救星，因此第一个烧饼带给他很大的满足感，它的效用是最大的；等到吃第二个烧饼，他已经不像一开始那么饿了，所以效用降低了一点。

到了第3个、第4个直到第9个，效用是逐渐降低的。等到吃第10个烧饼的时候，如果他已经吃不下了，你还逼着他让他吃下去，那么无疑他会恨死这第10个烧饼的，第10个烧饼的效用就微乎其微，甚至还不如不吃呢。故事中这个人却没有意识到这个道理，所以说了句蠢话。

当你正需要某种东西的时候，如果正好有人把它送上门，你肯定非常高兴；如果你根本不需要那种东西，即便有人送给你再多，你也不会觉得有用，甚至觉得是一种负担。

一般情况下，边际效用都是越来越小，钱也如是。人在很穷的时候，总觉得有钱就是最大的幸福。可真有一天成了富翁，在被问及什么是幸福时，往往就说平淡之类的是幸福，而不再是过去心心念的金钱了。

这种边际效用递减的原理广泛地存在于日常生活中。刚入职场的新人干劲很大，而过几年大家都意志消沉、尽显沧桑了。这就是因为如果一个人在一段时间以内一直做同样的工作，那么工作带给他的新鲜感和满足度是一直边际递减的。

再如，很多人感觉幸福也在不断递减，两个人从最初的相识，相爱，情人眼里出西施，再到后来的习以为常，不再有激动和浪漫，幸福的效用开始在生活中慢慢地递减，所以很多人都在抱怨：日子越过越平淡，没有什么新鲜感，相爱容易可相处太难了。

当我们处于较差的状态中时，一点微不足道的事情可能会带给我们极大的喜悦，而当我们所处的环境渐渐变好时，我们的需求、观念、欲望等都会发生变化，同样的事物再也不能满足我们的需求，这也是为何人们在生活中很难找到最初的幸福感。

物以稀为贵，越是多的越没感觉，越是少的越是珍贵。那些曾经美好的东西，带给过我们喜悦和满足，虽然已经过了那些时候，但是它们的价值和作用都没有变，而是我们自身的需求和口味发生了变化。或者说，我们已经习惯了这种感受，不把这种状态当做是一种幸福了。

不过，如果边际效应是递增的，我们还会不断地创新吗？谁还会无谓地坚持？那些对我们有着吸引力和魅力的东西，只要是永远的，也就丧失了原本的意义。幸福随着追求而来，随着创造而来，随着希望而来，随着需要而来。当然了，在获得幸福的时候，也要享受生活的每一个细节，不要让幸福在麻木的神经之间溜走。

经常看到的东西，你未必真的记得它

如果有人问你，你能不能记清每天接触到的东西？想必你会说能，但真实的情况却恰恰相反。墨菲定律告诉我们，越是熟悉的事物，越容易出错。

心理学家做过一项调查：被试者是几十位大学生，研究人员让他们凭借记忆画出苹果手机的标志。在这些被试者中，有52名正在使用苹果公司的产品，有10名没有使用过苹果的产品，还有23名在使用苹果商品的同时并使用着其他品牌的数码产品。结果发现，几乎没有人能够准确地画出苹果标志，且使用苹果的用户和没有使用苹果的用户，在记忆方面没有什么差别。此外，研究人员还尝试让被试者从一系列相似的图案中挑选出苹果手机的标志，结果有超过一半的学生都没能选对。

苹果是世界上最知名的品牌之一，且标志简单好记，几乎是深入人心。然而，为什么这些被试者却无法正确地识别出苹果的标志呢？

研究人员给出的解释是：我们经常看到的东西，并不意味着我们已经记住了它。加州大学洛杉矶分校的研究人员认为，人们能够挑选出正确的标志并不是一件简单的事，即便是正确的标志就呈现在他们眼前，辨别真伪也是很难的。

现实生活中，许多上班族都不清楚自己途中看到的数百个红色灭火器的位置；多数人都不太擅长记忆我们每天看到的物体的详细信息，比如路标、计算机键盘灯；在填写验证码的时候，倘若键盘上的字母标志被磨损，也经常找不到字母在哪儿。

对此情形，有一种解释是，大脑已经清楚了解到记住这些物体的具体细节不是那么重要，因此减去了这些负担。对于高效记忆的人来说，没有记忆这些东西的需求，所以就会自动忽略。

同时，研究人员还发现，当人们有意识地对标识细节进行编码的时候，准确记忆会变得更容易。然而，在正常情况下，人们不会对这些情况细节进行编码，因此也就很难记住这些细节。比如，人们通常不清楚谷歌标识字母的颜色。

另外，人们总是会高估自己记忆力的准确性，所以当研究人员询问被试者是否能准确画出苹果的标志时，每个人都表现得很有信心。可是，最终的结果让他们汗颜，他们没想到自己的记忆力竟是那么糟糕。

在这里，讲这一普遍性事实的目的，是要我们多留心一下身边的事物。这个习惯，有时能够帮我们解决许多可能被忽略掉的问题。

有时间旅行时没有钱，等有钱时又没时间了

旅行，是现代人很喜欢的一种休闲方式，它能让人暂时告别枯燥乏味的生活，在全新的环境，全新的状态中，放松自己，享受快乐。不过，任何事情都是需要成本的，旅行是一种奢侈的享受，需要有钱有闲。

然而，很多人都会掉进墨菲定律的怪圈：有时间旅行的时候没有钱，而有钱的时候又没有时间了。仿佛鱼和熊掌，总是难以兼得。当自己有了钱也有了闲的时候，恐怕已经韶华不再，步入老年了。那时候的精力体力，已经不允许远行了。

有人曾经用时间和金钱的拥有状况，将人生分为四个阶段：

第一阶段，没钱有时间。

第二阶段，没钱没时间。

第三阶段，有钱没时间。

第四阶段，有钱有时间。

这里说的是普遍的规律，但凡事都有例外。四个阶段，各有各的好，没钱有时间的时候，正值青春年华；没钱没时间的时候，是事业的拼搏上升期；有钱没时间的时候，事业多半已经稳定，也有了家庭；有钱有时间的时候，衣食无忧，但人已经老了。

可见，四个阶段都有不足和遗憾，都不是完美的，但这就是真实的人生。

也许你会说，依然有一些人，不断地行走在路上，他们是怎么做到的呢？

这就是我们说的特例！如果特别想去旅行，想到了一定程度，那么钱和时间都不是问题，钱少有钱少的玩法，可以跟朋友自助游，选择不要钱的地方去领略风光；时间不够的话，可以选择近一点的地方，带上自己的家人，度过愉快的假期。

如果你总是感叹，有时间没钱，有钱没时间，那只能说明一个问题：旅行对你来说，并不是那么重要，至少没有重要到必须去做的程度。

带伞时不下雨，不带伞时偏偏下雨

生活永远都让我们猜不透，甚至偶尔会让我们恼怒。

你为了一次聚会精心准备了很久，可到了聚会的前一天，却被告知聚会取消了。

当你不修边幅地出现在街头，以为不会碰见认识的人，却没想到被自己心仪的人撞见了。

天气预报说有雨，你为了避免淋雨，每天上班都带着伞。可传说中的雨，却一直都没有下。偶尔一天，你看到外面阳光明媚，觉得不可能下雨，就把伞放家里了。结果，刚下班走出办公室，狂风暴雨就来了。倾盆之下，你还是没能逃脱变成落汤鸡的厄运。

看，这就是墨菲定律：你认定一件事情会发生，它却偏偏不出现；你认定一件事不会发生了，所有的准备都撤了，墨菲先生却突然显灵了。

碰到这样的事情，你一定会咒骂倒霉。是倒霉吗？是，也不是。

事情的发展有必然性，也有偶然性。有一些突发的事件是我们预料不到的，这样的情况会让人陷入尴尬中。所以，不管一件事情发生的概率有多大，我们都要未雨绸缪，只有时刻准备着，才能避免突发状况降临时的措手不及。

不过，未雨绸缪也不是那么简单的。尽管现在的天气预报准确率高达80%，但在世界上大部分地区，任何一小时内不下雨的机会通常都是下雨机会的10倍。这就意味着，你怕下雨而出门带伞往往都是白费劲。所以，对于被淋雨这样的事情，不妨看淡一点，不要总想着是不是自己太倒霉了，这就是偶然事件而已。

当然，如果你是一个上班族，那不妨在家里和办公室都备一把伞，这样既可以省掉来回背着的负担，又能在一定程度上减少被淋雨的概率。

纠结于两个选择时，没有被选的那个总是对的

人生就是无数道选择题串联而成的，当我们面临两个选择的时候，经常是左右为难，不知道该怎么选。当形势所迫，必须要作出一个选择时，只好赌一把。结果，总是“逢赌必输”，选了错误的那一个。

对此现象，墨菲定律里早就提到过：“当人们纠结于两个选项的时候，结果总是没有被选的那个是正确的。”为什么这样的情况频频发生，却无法避免呢？我们需要了解一下内在的原因。

我们之所以纠结于两个选择，是因为它们各有利弊，且利弊看起来相差不多。倘若有明显的利弊差异，做选择就没那么难了。偏偏利弊对等，这就让人犯难。另外，事情都有两面性，那些看起来绝对有利的事情，依然隐藏着某些看不到的不利因素。

人都有趋利避害的本能，也会为了追求完美而犯优柔寡断的毛病。所以，当面对两个差不多的选项时，自然会纠结。人都希望自己能够得到最大的利，避免所有的弊，这种欲望会让人变得盲目和贪心。在选项面前，看不清楚自己最想要的是什么，最适合的是什么。在婚恋和职业选择中，这样的情况很常见，很多人在做出选择后都后悔了。

有选择就会有舍弃，人们在选择过后，也会产生“没得到的是最好的”的心理，进而让人觉得，没有选的那一个才是对的。

那么，有没有办法打破这条墨菲定律呢？显然，答案是肯定的。

当面对两难的选题时，先别急着做决定，而是要去了解自己，找到自己真正需要的那个，认清楚自身的优势和特点，不要太贪心。在此基础上，权衡利弊，选择适合自己的选项。这样的话，我们就能提高选择的正确性。

当然，作出决定之后，还要保持一个理性的头脑和健康的心态，不要总是去对比，或是心存懊悔。既然做出了选择，就要好好珍惜和经营，而不是得陇望蜀。

篇 5

社交：
深谙人心，掌控交际的主动权

你永远没有第二次机会去塑造第一印象

1957年，一个叫陆钦斯的心理学家做了一个实验。他用两段不同的文字向一群人描述一个叫吉姆的学生，第一段文字的关键词是乐观、开朗、友好、愿意与人交往；第二段文字的关键词是内向、呆板、容易害羞。之后，他让这些人跟吉姆接触。

结果显示，那些接受了第一段文字信息的人，多数人都认为吉姆是一个外向、友好的人；那些接受了第二段文字信息的人，多半都认为吉姆是一个内向、害羞的人。当再把其他信息呈现在他们面前时，多数人都比较相信自己接触的第一份信息，而第二次发放的材料影响甚微。

这说明什么呢？人们对后面获取的信息有明显的定向性。换而言之，人们对一个人的评价往往都以第一印象为框架，去理解他们之后获取的关于这个人的相关信息。在社会心理学中，这种现象被称之为“首因效应”。

心理学研究发现，与一个人初次会面，45秒内就能产生第一印象。第一印象对他人的社会知觉产生较强且持久的影响，并在对方的头脑中占据主导地位。如果第一印象是好的，那么人们在之后的了解中，就更愿意去发掘对方身上美好的品质；如果第一印象很糟糕，在日后的交往中，人们会更偏向于去揭露对方身上令人讨厌的特质。

第一印象有很强烈的主观性倾向，倘若我们第一次见面时给人留下了不好的印象，那么今后再怎么努力，都很难消除对方的偏见。所以，墨菲定律就提醒我们，你永远没有第二次机会去塑造第一印象。

那么，如何才能在交往中给人留下美好的第一印象呢?

心理学家提醒我们，影响第一印象的主要因素有性别、年龄、衣着、姿势、面部表情等“外部特征”。通常，一个人的体态、姿势、谈吐和衣着打扮都在一定程度上反映出这个人的内在素养和其他个性特征。

英国女王在一封给威尔士王子的信中这样写道：“穿着显示人的外表，人们在判定人的心态，以及形成对这个人的观感时，通常都凭他的外表，而且常常这样判定，因为外表是看得见的，而其他则看不见，基于这一点，穿着特别重要……”

这些话并不夸张。人类是视觉动物，无论是男人还是女人总是对美的事物或人产生好感。每个人都有呵护美、向往美、追求美的心理。这是铁一般的事实，也是无法改变的人类脑部皮下组织的自然运作反应。

对于那些并不认识我们的人而言，几乎都是从注意我们的外表开始，再由此对我们进行判断。了解了这一点，在交友、招聘、求职等社交活动中，我们就要充分利用这种效应，紧紧抓住初次会面的前45秒，展示给他人一种好的形象，为今后的交往奠定基础。

不用担心别人怎么看你，他们也在为此担心

我们先来做几个生活场景的假设：

第一个假设：你在车水马龙、熙来人往的繁华路上一不留神摔了一跤；

第二个假设：参加朋友的聚会时被提陈年出糗的旧事，恰好心仪的人也在场；

第三个假设：某天早上犯懒，蓬头垢面地走出家门，不料遇见多年未见的故人。

如果这一切都是真的，你会做出怎样的反应？相信，一定会有不少人对此尴尬不已，甚至数天以后回想起来还觉得脸上发烫，心里一再嘀咕：

在众目睽睽下摔了一个大跟头，太丢人了！看到自己摔跟头的人，一定拿这个当茶余饭后的“消遣”了，下回再走在那条路上，会不会被人认出来当笑柄还不一定呢！

被心仪的人知道了自己的“糗事”，精心经营的完美形象全没了，在他面前我简直就像一个滑稽的“小丑”，以后该怎么和他相处啊？

与故人就这么碰上了，多年前彼此还较着劲，看谁日后过得更好？可今天自己蓬头垢面的样子，唉，不用说了，他一定认为我混得不怎

么样！

这些对他人想法和行为的想象，有多少是真实的、客观存在的呢？借用一本有趣的书名来说，“你以为，你以为的，就是你以为的吗？”我们感到生活很累、心很累的时候，往往是因为想了太多无谓的东西，在意太多不值得在意的东西。

墨菲定律告诉我们，每个人都在担心别人怎么看自己，每个人都喜欢被别人关注，而不是关注其他人。所以，时时为别人的看法担心、害怕、烦恼、焦躁，完全没有必要，你不是别人的生活重心，谁会花费所有的精力一直关注着你？在这个世界上，没有一个人和我们一样在意自己，我们的耿耿于怀，很多时候都是多余的。

意识到自己谦虚的时候，就不是谦虚了

狂妄自傲的人，不管到哪儿都不太受人欢迎，而谦虚的人却往往被人所尊敬。正因为此，谦虚就成了千百年来备受推崇的高尚品格。然而，在培养这种品格的过程中，很多人误解了谦虚的真意。

美国心理学家卢维斯强调，人们总是在某个思想误区里去理解“谦虚”，认为谦虚就是把自己想得很糟。当有人问到一些问题或事情的时候，人们总是有意无意地说：“我也不太清楚；我也没有把握；我尽量做得好一些吧；让我来试试吧……”所有的这些措辞，都隐藏着一些“把自己想得很糟”的成分，似乎如果不这样“谦虚”表达的话，就显得过于自负。有时候，明明是自己知道的、能做到的事，也会故弄玄虚地“谦虚”一下，就怕被人扣上不谦虚的帽子。

这是谦虚吗？墨菲定律告诉我们，意识到自己谦虚的时候，就已经不是谦虚了。在卢维斯看来，谦虚不是把自己想得很糟，而是完全不想自己，进入一个忘我的精神境地，把自己所有的荣誉、成就、身份都暂时抛下，将自己置身于原点，做一个没有拘束，也不虚假的人。

19世纪的法国著名画家贝罗尼就是这样的人。有一次，他到瑞士度假，当他正专心坐在日内瓦湖边画画的时候，有三名英国女游客突然出现，看到他在画画就凑过去，装作很懂的样子，指手画脚地批评起来。

一个说这里用色不好，一个说那里画得不好。贝罗尼没有生气，而是按照她们说的一一做了修改，最后还跟这三个人道了谢。

第二天，贝罗尼因为临时有事要离开，到车站的时候又碰到了昨天的那三名女游客，她们凑在一起在商讨着什么。刚巧，那三名女游客也看到了贝罗尼，就招呼他过去，向他询问："先生，我们听说著名的画家贝罗尼正在这里度假，特地来拜访他，您可知道他人在哪里？"

贝罗尼见她们打听的正是自己，就向她们微微弯腰，回答说："不敢当，鄙人正是贝罗尼。"三位英国女游客见状，不由得一惊，再想到昨日的无礼行为，连话也不敢说，匆匆忙忙地红着脸走掉了。

当三名女游客对贝罗尼指手画脚的时候，他没有生气，而是对画做了修改。谦虚，就是这样——完全不想自己。对我们而言，知道就是知道，不知道就是不知道，明明知道却装作不知道，这不是谦虚，是不够实事求是。做一个谦虚的人，要对自己不明白、不擅长的东西虚心学习，对自己能够完成的要尽力去完成，不因谦虚而推掉展示自己才华的机会。

你把自己塑造得很完美时，你就没有朋友了

每个人都希望能给他人留下一个完美的印象。不过，凡事有度，过犹不及。如果你展示出的自己过于完美，让人找不出缺点和不足，那你可能就要做孤家寡人了。

美国心理学家阿伦森做过一个实验，他把4段谈话内容相似的访谈视频分别播放给被试者。

视频1中，接受采访的是一位非常出色的成功人士，他的言谈举止十分得体，话也说得滴水不漏，经常会有妙语脱口而出，台下时不时地传来掌声。

视频2中，接受采访的也是一位优秀的成功人士，但他在台上表现得有点紧张，当主持人向观众介绍他的成就时，他竟然紧张到把桌子上的咖啡杯碰倒了，还不小心弄脏了主持人的衣服。

视频3中，接受采访的是一位普通人，在整个采访的过程中，他的表现很从容，但是也没什么特别吸引人的地方，只是平平淡淡。

视频4中，接受采访的也是一位普通人，但他的表现太糟糕了，从上台开始就显得很紧张，之后也跟视频2中的人一样，把身边的咖啡壶弄倒了，淋湿了主持人的衣服。

播放完这4段视频后，阿伦森要求被试者从中选出一位他们最喜欢和

最不喜欢的。结果发现多数被试者最不喜欢视频4中那位先生，这是意料之中的。

但令人惊讶的是，最受欢迎的也不是视频1中那位从始至终都表现得十分完美的成功人士，而是视频2中那位因为紧张而打翻了咖啡杯的先生。

社会心理学家专门做了一番调查，结果发现：人们都愿意跟优秀的人来往，但如果这个人与自己差距较大，让人产生一种遥不可及的感觉，那这种差距就会变成心理压力，让人自动地敬而远之，而不是想靠近。

在我们能够接受的限度内，越完美就越有吸引力，但一旦超出了这个限度，我们就会选择逃避和拒绝，而那个完美者的吸引力也会下降。当他偶尔犯个无伤大雅的错误时，他的吸引力会增加，因为这让他看起来不是那么遥不可及了，而是更接近于普通人。

如果你是一个很优秀的人，别总想着时刻维护一个完美的形象，那会让你给人一种距离感。巧妙地、不露痕迹地在他人面前暴露一些无关痛痒的缺点，表明你跟大多数人是一样的，会让人松一口气，也让人更喜欢你。

长得漂亮的人，总是比长得丑的人获得的更多

从道德和客观上讲，我们都不赞同以貌取人。可有一个事实却很难改变，生活中的多数人都消除不了以貌取人的倾向，而长得漂亮的人也的确更聪明，能获得更多。

1918年，美国一位科研人员做了一个实验：他把十几张穿着相同衣服的孩子的照片，交给医生和教师构成的评判组，让他们通过照片来对孩子的聪明程度做出判断排序。结果，人们大都是根据相貌的美丑来判断个体智力的高低。至于为什么会做出这样的判断，多数人都不清楚。

1920年，桑代克提出了“晕轮效应”理论，他认为：如果一个人长得漂亮，那么我们极有可能会推测他更有智慧、更善于交际。对此问题的最新研究，来自于伦敦政治经济学院进化心理学家禅洲金泽，他通过研究发现：长得漂亮的孩子的智商，要比同龄孩子的智商平均高出12.4。

对于这样的发现，科学界有很多解释，有人认为遗传基因决定了外貌和智慧。通常来说，智商较高的男士会处于社会阶层的上层，他们通常会选择漂亮的女子作为妻子，由此后代就同时拥有了美貌和智慧。进化心理学专家很支持这样的观点。

还有些观点比较谨慎，认为孩子从父母那里继承了身体的各种要素，他们所获得的影响遗传因子是相同的，最大的区别在于外界环境的影响。简单来说就是，长得漂亮的孩子会比同龄人获得更多的关注，接受更用心的教育，如此一来，智力就得到了更好的开发和培养。

同时，美国联邦政府发布的“地区经济学家”的一项研究报告表明，长得漂亮的人更容易在职场中脱颖而出，而这也印证了墨菲定律说的，漂亮是一种重要的资本外貌。心理学家则认为，长得漂亮的人会提升自我价值感，自信心比长得丑的人更高。

而且，相关数据还表明，39%的美男和美女会被同事认为对团队有帮助，15%的长相普通的人被认为有帮助，而相比之下长得丑的人，被认为有帮助的只占6%的比例。20世纪80年代中期，心理学家爱瑞思·弗瑞兹对匹兹堡大学的1000名工商管理硕士的就业情况进行了调查，结果发现身高在6英尺（1英尺=30.48厘米）的人赚的钱要比身高5英尺5英寸（1英寸=2.54厘米）的人平均约多4000美元。

看到这里，我们再也不能否认，长得漂亮绝对是一个人重要的资本。如果长得不那么漂亮，怎么办呢？别忘了，学会打扮也是成功人士的必修技能，至少能够让你看起来很精神、很舒服。在这个看颜值的时代，千万不要以为有能力就有了一切，如果你不修边幅的话，就算你是天才，也少有伯乐去挖你。

千万不要跟傻瓜争论，一不留神你可能就成了傻瓜

傻瓜有没有聪明的地方呢？答案是肯定的，因为他们总能找到无数不可思议的理由替自己说话。认识到这一点，你就应该明白，千万不要去跟傻瓜争论，他会把你的智商拉到和他同样的水平，然后用多年的傻瓜经验打败你。

如果你和傻瓜吵架，在别人眼里，要么你们俩都是傻瓜，要么你是傻瓜他不是，要么他是傻瓜你不是，但不管怎么说，你也是一个跟傻瓜争吵的傻瓜。所以，当一个傻瓜要跟你吵架的时候，赶紧恭维他两句就脱身吧！跟傻瓜争论是不可能诞生真理的，只会多诞生一个傻瓜。

就算对方不是傻瓜，也没有争论的必要，这是世界上最没有意义的事。戴尔·卡耐基说过：“争论的结果使双方比以前更相信自己绝对正确。要是输了，你就是输了；要是赢了，你还是输了，因为争论

赢不了他的心。”

有一次，一位青年军官与同僚发生了激烈的争执，林肯总统得知后，狠狠地批评了那位青年军官。他说：“一个人如果想要成功，就不能偏执于自己的成见，也不能过分地显示自己。你要学会控制自己的脾气，也要学会放弃。与其跟狗争夺路权而被它咬伤，还不如当时就让一让它。事后，就算你可以把狗杀死，可你的伤口也无法马上愈合。”

争吵无法给自己带来任何好处，只会让自己活在愤怒之中。人与人之间的经历不同，生长环境不同，学识修养也不同，在看待很多问题时势必会有分歧，在做事的方式上也会有出入，若是非要证明自己是对的，博得一个公平，面红耳赤地与对方争辩，实在没有意义。

不管对方是什么人，如果没有触及原则问题，最好不要争论。如果你认为自己是对的，那就坚持做你认为对的事，不必在口头上去辩解和较量。你越是去争辩，对方越会变本加厉，无形中暴露了自己的软弱，也让对方逞了口舌之快。

如果别人向你发起言语攻击的话，对此情形，你也可以置之不理。不还击的做法，看似好像是吃亏了，实际上却显示出了你内心的淡定自若。因为，你不受他人的影响，不为他人的情绪所动。你的沉默，你的无视，会让他的情绪找不到着陆点，而自觉没趣，因为他没有实现用语言伤害你的目的，反而被自己的情绪伤害了。

想用诋毁他人的方式抬高自己，很快就会陷入窘境

出于生存的本能，人往往会最大限度地保护自己的利益，因而就有了竞争、嫉妒等情绪。在追求个人利益的过程中，有人不惜用诋毁他人的方式来抬高自己，哪怕没有明显的竞争关系，也会出于虚荣而这样做。

诋毁他人，真的能够抬高自己吗？墨菲定律告诉我们一个事实，搬起石头砸自己的脚。那些贬低他人的做法，不但没能抬高自己，反而还会遭人厌恶和唾弃。这种做法，只能说明做事者内心阴暗，他们根本没意识到，在贬低他人的过程中，自己也被贬低了。在旁观者的眼中，无论别人做得好与坏，就算人家真的技不如人，才不如你，但你这种诋毁他人的做法，本身就不值得人尊重，起码少了几分雅量。

有句话说得好："心中有佛，所见皆佛。"当外界的事物进入我们的头脑时，都是事先经过了自我心识的加工，附加了主观的感情色彩。无论是看人、看事还是看物，如果看到的都是阴暗的东西，只能说明自己阴暗。

有位女士很喜欢就审美的问题发表言论，她说："我就不喜欢高鼻子，我们中国人，要那么大的鼻子干什么？大象的鼻子是大，但是好看吗？鼻子大的人多半目空一切，自命不凡……"她这么一说，不由得让

人多看了几眼她的鼻子，发现原来她的鼻子太小。

她还经常说：“头发太黑了，效果并不太好。因为现在时兴染发，如果你的头发又黑又亮，人家都会认为你是染的。到了外国，各式各样的假发就更普遍了，要粗有粗、要细有细、要红有红、要黄有黄。这个时代，头发已不能作为判断一个女人美不美的标准了。”说了这么多，不由得让人们又注意了一下她的头发，原来她的头发稀疏、干枯，一点都不柔亮。

随着这位女士的美学理论的不断发表，周围的人逐渐发现，她的相貌实在是让人不敢恭维，心胸也很狭隘，平日里根本没什么往来的朋友。

这让我们看到，太喜欢对他人评头论足的人，其实是不太受欢迎的。道理很简单，当他在诋毁别人的时候，旁观者们都会想：现在，你在我面前诋毁别人，会不会将来的某一天，你也会在别人面前诋毁我呢？有了疑心，就会不知不觉与之拉开距离。时间久了，就会被孤立。

在社会中立足，只要做好真实的自己，展示出自己的价值就足够了，用不着去贬损任何人。对于周围的人，多看看对方的长处，多给对方一些赞美，自己收获的也是美好与尊重。

给一个人贴什么样的标签，他就会变成什么样的人

在做一件事的时候，我们总希望他人按照自己的意愿来行事，可每个人都有自己的想法和选择权，这该怎么解决呢？墨菲定律给我们支了一招："人一旦被别人下了某种结论，就像是商品被贴上了某种标签一样，会自觉按照这个结论做事。"

雷布利克的著作《我和梅脱林克的生活》中，讲述到一个身份低微的比利时女佣的惊人变化，仔细品读的话，你会发现主人用的恰恰就是这一招。

隔壁饭店里有个女佣，每天为我送饭菜，她的名字叫"洗碗的玛丽"。之所以叫这个名字，是因为她最初只是厨房里的一个助手。说起她的那副长相，实在太古怪了！她长着一对斗鸡眼，两条腿弯弯的，身上瘦得没有四两肉，整个人看起来也是迷迷糊糊、无精打采的。

有一天，她来给我送餐时，我坦白地对她说道："玛丽，你知道你拥有的内在财富吗？"

平日里，玛丽总是压抑着自己的感情，生怕惹来什么麻烦，不敢轻易露出自己的喜恶。她把面放到桌上后，叹了一口气说道："太太，我从来都没有想过这些。"她没有任何怀疑，也没有提出其他的问题，而是回到厨房，反复思量着我说的那句话，深信这不是在拿她开玩笑。

从那天开始，她似乎也明白我问她的问题了。在她谦卑的心里，已

经发生了某种奇特的变化。她相信，自己是一件看不到的暗室之宝。她开始关注自己的面部和身材，并加以修饰。她原本枯萎了的青春，逐渐地散发出一种青春的味道。

两个月后，就是我要离开那里的时候，玛丽突然跑来对我说，她要与厨师的侄儿结婚了。她悄悄地告诉我："我要去做人家的太太了。"她感谢我，对她说了那样一句简短的话，让她的整个人生从此焕然一新。

看到了吗？雷布利克只不过给了"洗碗的玛丽"一个美好的名誉，而那个名誉却改变了她的一生。当年，利士纳要影响在法国的美国士兵的举止时，所用的方法和琴德太太与雷布利克用的方式如出一辙。

心理学家克劳特认为：当一个人被一种词语贴上标签之后，他自己就会做出形象管理，让自己的行为跟标签上的内容相吻合。这种现象是因为被贴上了标签引起的，所以被称为"标签效应"。

心理学认为，标签通常都有定性导向的作用，无论这种导向是好是坏，对一个人的"个性意识的自我认同"都有巨大的影响。给一个人贴上标签之后，通常会让这个人朝着标签所说的那样发展。

如果你想身边的人变成什么样，做出什么样的举动，那你不妨给他贴个标签，他会在不知不觉中按照你希望的那样发展。如果你想对一个人某方面的缺点进行改善，那么你要告诉他，他已经具备这方面的优点了。

这就如同莎士比亚说的那样："如果你没有某种美德，就假定你有。"当你"假定"对方有你所要激发的美德，并给予他一个美好的名誉去表现时，他为了不让你感到失望，会尽自己最大的努力去做。世界上的每个人，无论是穷人还是富人，乞丐还是盗贼，他们愿意竭尽所能，保持别人赠予他的美誉。

让别人感受到你的善意，而不是不顾别人的自尊

过去的岁月里，我们常听人道："良药苦口利于病，忠言逆耳利于行。"可生活的经验告诉我们，没有人喜欢难以下咽的苦涩味道，也没有人喜欢听锥心刺耳的批评和指责，纵然知道那是对自己有益的，可心理上还是免不了会有一种排斥感和厌恶感。

人的天性中都有保护自尊的本能，当说错了话、办错了事的时候，都会不可避免地防卫自我尊严。当有人摆出权威者的姿态，不顾及自尊地批评你思虑不周、做事不稳，防卫的倾向会更强。在这样的情况下，就算对方是出于好意，言辞再精辟、再有哲理，也没人愿意领这份情。

那么，要如何才能给人指出错误之处，又不伤及他的自尊呢？

想想高明的药剂师吧，为了良药不苦口，他们发明了"糖衣片"，在某些药物的最外层包裹上一层甜甜的糖衣，药物的疗效不减，味道却柔和了许多。既然药可以裹上糖衣，那么刺耳的批评何不也抹上一点"糖"呢？让硬接触变成软着陆，失去了表面上的锋芒，效果却是一样的，而听的人也会觉得舒服许多。

1856年，麦金利准备竞选总统，共和党中一位有身份的党员为麦金利写了一篇竞选宣言。这位党员自认为稿子写得很精彩，便在麦金利面前深情地朗读了一遍，很是得意。事实上，那篇稿子的确有它的独特之

处，可麦金利觉得它并不太理想，甚至还有一丝顾虑，担心稿子发表出去会引起一场批评。不过，麦金利也不想扼杀这位党员的激情，让他感到沮丧，可麦金利又不得不说“不”，他到底是怎么说的呢？我们一起来看看。

“我的朋友，这篇讲演稿相当不错，非常精彩！”麦金利说。“没有人能写得比这个更好了，我觉得这篇演讲稿在很多场合中都算得上优秀。不过，它是否适用于某个特定的场合呢？这篇稿子听起来，似乎是从个人的角度出发的，可我必须要从整个共和党的角度出发来审视这篇稿子。现在，麻烦你重新写一篇稿子，依据以下我所说的那些点，然后再给我。”

几天之后，那位党员完成了稿子，麦金利表示很满意，事实上他又稍稍做了一点修改。因为受到了麦金利的肯定，在后来的竞选中，这位党员为麦金利的当选付出了很多努力，做了巨大的贡献。

任何人都有缺点，都会犯错，我们只能要求自己尽量把事情做到最好，尽量不犯错，但这不意味着要把自己摆在很高的位置，以此去要求别人，指责别人。每个人都有自尊心，尤其是在人前，谁也不愿意被批判。所以，给别人提建议时，不要在情绪和气势上压倒对方，更不要咄咄逼人地横加指责，把那些指责的话说得温和而有力，让对方自己去意识到问题所在，既避免了尴尬，也容易让人接受。

你可以不知道谁对，但一定要知道谁说了算

墨菲定律认为，作为下属要适当地掩饰自己的锋芒。如果你一贯正确，想法比上司多，策划得比上司周到，而又不懂得掩盖锋芒，他势必会感到失落和紧张。这个时候，你就离倒霉不远了。

富凯就是一个典型的反面教材。当年，作为法国国王路易十四的财政大臣的富凯，自诩精明能干，深得国王赏识，便在首相马萨林去世时，胸有成竹地认为自己一定会被任命为继任者。结果，令他意外的是，国王竟然下令废掉了首相的职位。

富凯怀疑自己失宠了，就精心策划了一场奢华的宴会，试图讨国王的欢心。当时，欧洲最显赫的贵族和一些伟大的学者们，纷纷出席了宴会，饕餮盛宴让宾客们大开眼界，莫里哀甚至为了这次盛会写了一出剧本，还亲自进行了表演。

宴会持续到深夜才结束，宾主尽欢，所有人都觉得这是一件值得赞颂的盛事。可是，富凯失算了，这次盛大的宴会没有换来他想要的结果，还断送了他的前程。第二天早上，富凯就被国王以侵占国家财富的罪名囚禁了，在一所与世隔绝的监狱里度过了生命中最后的时光，可叹可悲。

用富凯的悲剧来诠释“为何不能抢上司风头”，兴许是最容易理解

的了。国王是君主，他希望自己永远都是万人瞩目的焦点，凌驾于所有人之上。异想天开的富凯，自以为举办盛宴可以讨得国王的欢心，却不知道在国王看来，这是在故意的炫耀，甚至掩盖了他的王者光芒。试问，国王怎会容忍这样的臣子在自己身边争锋？

任何一个领导，都有获得威信的需要，很少有人愿意让自己下属的风头超过自己。很多时候，你可以不知道谁对，但你必须要知道谁说了算。更何况，上司之所以能成为上司，必然有他的过人之处，身处特殊的位子，在付出各种辛苦之后，也会有一种渴望做主角的欲望。有出风头的机会和场合，自然应当把上司推到前面，而不是自己在那里好大喜功、夸夸其谈。很多时候，把功劳让给上司，放低自己，才是最明智的捧场，和最稳妥的自保之道。

N是个很有才气的女孩，后应聘进入一家杂志社做编辑。由于独特而不俗的思想，她策划的几个专题深受读者喜欢，前段时间还得了一次创意奖。社里开会时，社长特意把N当成典范来说，最后还让N说说这次获奖的感受。

机灵的N虽然涉世未深，可她看得出来，社长在夸奖自己的时候，主任的脸色不太好看。为了照顾主任的面子，她特意当着领导和同事的面说："在各位领导和同事面前，我只是一个新人，这次能获奖主要得益于我们主任。刚从事这一行，很多地方我都不够专业，可以说是孙老师手把手将我带起来的。如果没有她的指导，和其他同事的帮助，我的这些专题不可能做得这么精致，毕竟我对市场、对读者需求把握得不够准确。这次得奖的人是我，可我觉得这应该是我们部门集体的功劳……"一番话说完，主任的脸上露出了喜悦的笑，其他同事也感觉沾了光。

不管与上司相处，还是与同事共事，做了某项工作之后有了功，一定要在言语上保持低调，高调炫耀会让你成为孤家寡人。尤其是在上司面前，尽显你所能了，你就会变成眼中钉。得了荣誉之后，放低自己，把光环让给上司，把众人的目光吸引到上司身上，不仅趁机讨好了上司，也让自己避免了麻烦。

如果真相对你有利，往往没有人相信你

什么东西在人际中传播得最快？答案莫过于两个字：流言！

流言，就是没有根据的话。然而，在正确信息缺失的情况下，人们却很容易相信流言。正因为此，流言就有了极大的杀伤力，从古至今人人都畏惧它。

不过，在正常的环境下，流言不会导致太严重的结果。可若是在非常的环境里产生，比如出现了水灾、地震等自然灾害，或是在战争、经济危机和政治动乱的环境里，由于正常的信息渠道中断，流言极易产生，且很容易让人情绪不安，甚至会演变为骚乱。

美国社会心理学家G.W.奥尔波特和博斯特曾经于1947年发表《蛊惑心理学》一书，列举了二战期间发生在美国的大量谣言，其中敌对性的流言占66%，恐惧性的占25%。日本社会心理学也曾对二战中日本军方所收集的流言做了分析比较，发现1945年日本遭到美国空袭时期的流言最多，传播速度最快。

这一系列的实例，充分印证了墨菲定律的说法：流言传播最快的地方，往往就是留言可能造成最大伤害的地方。如果真相是对某个人有利的，往往没有人会相信。比如，有个流言说，某个女子早年从事过不光彩的事业，所以现在才有钱开自己的公司。你想想，这个流言在什么地

方传播的最快？显然，就是她居住、工作和经常活动的地方，只有这些地方对她的伤害最大；她很少去的地方，流言传播得就很慢；她从来没去过，甚至将来也不可能去的地方，流言几乎无法传播。

钱钟书说过：“流言这东西，比流感蔓延的速度更快，比流星所蕴含的能量更巨大，比流氓更具有恶意，比流产更能让人心力憔悴。”此话说得一点都不夸张，现实中也有不少例子证实，有人不堪流言蜚语的攻击，无法承受巨大的精神压力，因而选择了轻生。

当我们听到一些对自己的闲言碎语、流言蜚语，甚至是诽谤污蔑的时候，该怎样对待呢？

第一，压根就不要听。流言造成伤害，至少需要两个人：一个是你的敌人诋毁你，二是你的朋友转告你。不要相信那些动不动就说“谁谁谁说你……”的人，如果那些事情既不真实，也非善意，那就干脆不要听。人生中有价值的事情很多，不必理会那些虚假而又不好的闲言碎语。流言蜚语就好比身后的一个个陷阱，只要你不回头一直向前走，它就不会伤害到你。

第二，听到了也不要在乎。当我们被误解、扭曲、诬蔑的时候，就像是被人搅浑的水缸，心也变得混乱起来。面对这样的情况，最好的办法就是“清者自清”。当你的心静下来，水缸里的水自然就澄清了，你越急着去反复摇它，反倒越浑浊。杂质终有沉淀，水终有澄清的一天，一切就交给时间吧！

第三，把诽谤视为礼物。如果有人送你一样礼物，你不接受，那么这份礼物属于谁呢？显然，物归原主。谩骂和流言也是一样，你不接受的话，那些东西就是在侮辱制造流言者自己。嘴巴是别人的，人生是自己的，如果一味地在乎他人的想法和说法，就会失去自主权。

云南“钱王”王炽在商道中领悟到：“说我、羞我、辱我、骂我、毁我、玩我、骗我、害我，何以处之？容他、凭他、随他、尽他、让他、由他、任他、帮他，再过几年看他。”

你要相信，任何事物都有一个产生变化发展直至消亡的过程，流言的宿命也是如此。身正不怕影子斜，有些流言终会不攻自破。当然，平日也要多与人交流，让大家对你有一个总体正面印象，如果多数人对你的印象都是好的，即便有人说你的闲话也无济于事。保持你的风度，平静地做好该做的事，流言就是一阵风，刮过了也就无影无踪了。

找到与对方的共同之处，就有成为朋友的可能

美国心理学家纽科姆曾经做过一个实验：

他让互不相识的17名大学生同住在一间屋子里，并对这些人的关系变化进行四个月的跟踪调查。实验开始前，研究人员曾经向他们询问更想跟哪位同学成为朋友？在实验开始后，研究人员告诉这些学生，可以随意去选择同住的对象。之后，又对这些人之间的关系变化进行观察。

结果发现，刚认识的时候，大部分的学生都会跟住在附近的人成为好友。后来，兴趣、态度相近的人又会慢慢吸引，成为好友。

这就印证了墨菲定律所说，人们更喜欢跟与自己相似的人交往。至于原因，心理学家认为，当人们跟与自己观点相似的人交往时，更容易获得对方的肯定和支持。同时，双方由于理念等趋近相同，很少会产生矛盾，更具有安全感。另外，跟相似的人在一起，也很容易结成一个群体，增强对外界的反应能力，确保反应的正确性。

心理学家布洛克做过一个调查，他观察了两组化妆品专柜的售货员。

第一组售货员看起来对化妆品非常在行，甚至可以称之为业内的专家，和普通顾客相比，她们显得过于专业，在介绍产品的时候引经据典，很强调产品的质量。而第二组销售员，看起来就很普通，衣着不太

起眼，在跟客户介绍产品的时候，强调的是性价比高。

几天之后，调查发现，第二组销售人员卖出的产品数量，远远超过第一组。原因就是，第一组销售人员让普通的顾客觉得有距离感，而第二组销售人员看起来更贴近真实的生活。

这也提醒了我们，如果你想跟谁成为朋友，让谁对你有好感，那你就得先让他相信，你和他有共同之处，你们很相似。这样的话，就可以有效地增加彼此的亲密度。

谈自己的非凡经历，最后的听众就只有自己

每个人在生活中都有一些特别的经历，无论时隔多久，回想起来的时候都让人意犹未尽，忍不住想向他人炫耀一番。如果你也想过这么做，甚至曾经做过，那么从现在起，赶紧把这个念头打消了。因为，墨菲定律会告诉你：谈自己非凡经历的人，往往会被群体不动声色地驱逐，最后的听众就只剩下自己。

非凡的经历，难道不吸引人吗？哈佛大学的格斯教授在聚会时发现了一个现象：分享非凡的经历，只能够吸引人们一时的注意力，但大家最终的兴趣点，还是在一些平淡无奇的事情上。

事实，是否真的如此呢？为了证实自己的观点，哈佛大学和弗吉尼亚大学展开了一项合作，调查非凡经历对个体的长期影响。

在第一个实验中，68名被试者被随机分配成17个小组，每组四个人。每个小组中，一人观看评价为“四星”的记录街头艺人神奇魔术的视频剪辑，其他三人观看的是“二星”的从动画片中截取的视频。小组成员彼此知道各自看的是什么内容。

观看之后，四个人聚在一起聊天。结果显示，和观看“二星”的被试者相比，观看“四星”的被试者在交谈之后，心情变得很糟。因为，他们在交谈的过程中，感觉自己变成了“异类”，无法融入到聊天中。

其实，那个观看“四星”的被试者，就相当于生活中有非凡经历的人。当少数的“四星人”和多数的“二星人”交谈时，“四星人”会被“二星人”屏蔽，因为他们观看的内容不同、经历不同，自然谈不到一起。

实验之后，格斯说：“那些拼命秀自己非凡经历的人，错误地认为自己可以凭借一次了不起的经历成为聚会中闪耀的主角。但是他们并不了解，了不起的经历将他们和周围的人分隔成了两个世界，让他们显得格格不入。理想社交的重要因素就是，社交对象有共同点。换而言之，只有地位、经历相似的人，才能玩到一起。”

有句话说得好，人生是自己的，跟他人毫无关系。不管你的经历多么不凡，都不要将其作为谈资。想跟人建立友好的关系，那就多找找大家都能插得上话的内容，这样才有亲和力。

能让人感觉你是权威，就能让人相信你的话

美国心理学家曾经做过这样一个实验：

在给一个班级的学生上课时，老师介绍了一位从外校请来的德国老师，郑重其事地称这位老师是著名的化学家。上课后，这位“化学家”有模有样地拿出了一个瓶子，宣称里面装着他新发现的一种化学物质，气味颇浓，请同学们在闻到味道的时候举手示意。结果，大部分的学生都举起了手。其实，这个瓶子里装的就是普通的蒸馏水，没有任何气味。但是，由于这位“权威”的德国老师的暗示，大部分学生都觉得它是有气味的。

这就是心理学上的权威效应，它说的是，如果一个人地位高、有权威、受人敬重，那么他说的话以及所做的事，都很容易引起别人的重

视，并且让人相信其正确性。

人们之所以会有这样的行为，多半是出于一种“安全心理”，就是经常认为权威人士是正确的楷模，效仿他们就能让自己的行为趋向正确，增加行为的安全系数，降低行为的出错率。另外，人们通常认为权威人士的行为与社会规范相一致，按照他们的要求去做，也能受到认可。

这条墨菲定律告诉我们什么呢？我们不妨从两点进行考虑。

如果你能让自己成为“权威”的话，就能让人们相信你的话。

在将自己打造成权威的过程中，最先要做的就是从外表入手，让自己看起来就像一个成功人士，来博得他人的认可。在这一点上，艾斯蒂·劳达就是个典型的例子。

艾斯蒂·劳达，没有资金，没有营销资历，没有任何护肤和美容方面的技术特长，也没有经商经验，当她的叔叔约翰·斯考兹向她展示了神奇的润肤霜之后，她便将推广化妆品作为自己的事业，经营起来。她总是热情地向别人推销面霜，可不是谁都愿意买她的产品，特别是她认为的那些社会上流人物，对那些化妆品看都不看。

在不知道第多少次被拒绝之后，她忍不住问对方：“是我的东西有什么问题吗？你为什么不买我的产品？”对方回答：“不是你的产品有问题，而是你的形象，你给我的感觉就是一个‘低档次’的人，这怎么能让我相信你卖的是高档的产品？”

劳达猛然意识到，衣着体面的人拒绝自己，是因为自己低档次的形象。劳达开始有意识地和那些商界大亨或者巨富交往，不断提升自己的气质、品位，小心翼翼地维护着脑子里面的那个劳达形象——那个就是真正的劳达，她要求自己的行为举止一定要像有着贵族血液的名门一样优雅，荡涤那个在皇后街五金店长大的女孩子的一切痕迹。之后，她成功地塑出了自己产品和公司形象，让它们成为吸引“上等顾客”市场的精美品。

这是权威效应的积极作用，但我们也要注意，当自己是被说服的一方时，必须要认真思考，不能过分地迷信权威。站在不同的角度，用不同的方式思考，才能让事情按照对我们有利的方向发展。

讨好所有人这件事，谁做都会碰一鼻子灰

日本作家山田宗树写过一部小说，名叫《被嫌弃的松子的一生》，后被改编成电影。

剧中有这样一处情节：松子的妹妹因为身体不好，常年卧病在床，父亲对她照顾有加，几乎把所有的心思都放在这个生病的女儿身上。松子不理解，她只是渴望得到同样的关爱。一次偶然的机会，她做了一个搞笑又搞怪的鬼脸，父亲被逗得笑了。她一连试了几次，发现都很有效。从那以后，她把做鬼脸当成了自己的招牌动作，遇到难堪的事情时，就会下意识地做这个动作。

长大后的松子，依然刻意地讨好着身边的每个人，在爱情的世界里，她更是卑微得如同一粒尘埃。男友经常对她破口大骂，提心吊胆的日子让她心有畏惧，却又不肯离开，还守着这个男人默默地奉献着自己的爱。

影片中说，松子所给予的是“上帝之爱”，她所有的努力讨好，只是不想一个人生活。可是，结果怎么样呢？没有人同情她，在乎她，珍惜她。最后，她在孤独与可怜中，结束了自己的一生。

虽然不是所有人都会有松子那样的遭遇，但那些刻意讨好、用卑微的姿态去博取他人好感的事情，却充斥在生活的各个角落。有人是希望

得到对方的赏识，所以刻意去说讨好的话；有人是希望对方成为自己的知己，所以迁就他的种种情绪；有人是希冀着得到对方的赞美，所以违心地做着自己不喜欢的事，藏着自己的真性情。但是，无论哪一种，最终都不会得偿所愿。

墨菲定律告诉我们：“这个世界上没有什么成功秘诀，但是必败的一条就是尝试讨好所有人。”俄罗斯著名的导演、戏剧理论家梅耶荷德也说过：“一个艺术家的作品，如果所有的人都说好，那就证明这个作品是彻底失败的；如果所有人都说不好，那也证明这个作品是彻底失败的。如果一部分人喜欢，一部分人谩骂的话，那就说明这个作品成功了。”

人际关系原本就是千缠百裹、说不清道不明的事，若总是抱着讨好的姿态，就会把简单的问题复杂化，既要揣摩这个，又要拉拢那个，有人喜欢吃荤，有人喜欢喝素，周旋在这些人中间，如履薄冰，战战兢兢，试问一个人有多少精力，可以兼顾如此多的人、如此多的事？

更何况，讨好别人是一件没有意义的事。就算你再怎么努力，也会有人不喜欢你。与其如此，倒不如放开束缚自己的羁绊，率直潇洒地活着。有的人，你需要好好珍惜；有的人，你根本不必理会。常言道，道不同不相为谋，既不是同路人，何必强行与谋呢？有时候，你的讨好也许会被人视为懦弱，而有时候，你的我行我素偏偏会为人所欣赏，觉得你有气魄，一切都不是绝对的。

顺其自然地活着吧！一个人只有喜欢自己，才有心情去拥抱生活。如果有人当面或背地说讨厌你，那么你不妨大胆地告诉他：如果你讨厌我，我一点也不介意，我活着不是为了取悦你。

篇 6

事业：
命是失败者的借口，运是成功者的谦词

无论多么简单的事情，都会有人把它做错

生活中，人们多半都会对那些复杂的大事很上心，而对于简单的工作却是一副漫不经心、不屑一顾的态度。事实上，越是简单的事情，越容易出错。换而言之，没有什么事情像看上去那么简单，谁掉以轻心，墨菲定律就会让谁付出代价。

街头经常会有这样的活动：从1连续写到500，不能出现漏写、颠倒的情况，中途也不可以涂抹、修改。如果出错了，交上去的押金不再返还；没有出错的话，不仅返还押金，还有礼品赠送，甚至直接返还价值数倍的财物。

对于稍有文化的人来说，写错数字的概率貌似很小。但是，只要你耐住性子观察一会这个活动，或是自己亲自尝试过之后，就会发现一个事实：这件事看起来简单，但很少有人能完全写对。

相比写数字的游戏，任何工作都应该比它要复杂。随着企业分工越来越细，高层管理的职位是有限的，绝大多数员工从事的都是简单的、烦琐的、不起眼的细微环节，但就是这些不起眼的小事，决定着一个人的前途和成败。

借用《没有任何借口》一书中的一段话："每个人所做的工作，都是由一件一件的小事构成的……所有的成功者，他们与我们都做着同

样简单的小事，唯一的区别就是，他们从不认为他们所做的事是简单的。”这些话听起来平实无华，却意味深长。细想想，我们的人生不也是由诸多微不足道的小事构成的吗？

讲一件关于德国大众总裁费迪南德·皮希的事例。

一天下班后，皮希在超市里拿着一张报纸在寻找什么，待他看到一套棒球用具的时候，脸上绽放出笑容。这一幕，刚巧被他的上司保罗尽收眼底。

保罗拍了拍皮希的肩膀：“小伙子，什么时候喜欢上棒球了？”

皮希先是一愣，后不好意思地笑着说：“明天我要去拜访一位客户，我记得他无意中说过自己的孩子是个棒球迷，刚才我就在办公室里琢磨要买什么棒球装备。”保罗不解，不知皮希为何要在这些鸡毛蒜皮的小事上如此认真？

皮希回答说：“工作无小事，我的目标是让咱们公司的产品闻名全球。如果连一个客户的喜好都捉摸不透，靠什么扩大市场呢？”

这次意外的事件，让保罗对皮希格外留意。通过观察保罗发现，皮希虽然进入公司的时间不长，客户资源也不多，但他的客户对其评价都很高。鉴于此，保罗给皮希安排了更加重要的工作。多年以后，皮希登上了德国大众公司总裁的宝座。

杰克·韦尔奇说过：“一件简单的小事情，所反映出来的是一个人的抱负。工作中的一些细节，唯有那些心中装着大抱负的人能够发现，能够做对。”

不要对任何一件小事掉以轻心，再熟悉的事情，再简单的工作，都会有出错的可能。但如果你做好了，也同样有成就自己的机会。

别被加班加点干活的人感动，他也许是能力不足

你一定见过这样的人：桌子上堆满了文件，总是一副焦头烂额的样子，他们对工作很认真，就连节假日也会加班加点地工作。身为旁观者，你都被他的勤奋感动了，可是老板却无动于衷，加薪升职的好事，总是与他们无缘。真的是老板没有看到这一切，还是另有隐情？

精明的老板从不看表面现象，他们会透过员工的工作内容和状态，看出他们的能力。有些工作的确难做，但不一定会让人显得很忙；整天忙得像陀螺一样的人，也未必是真的能干。

有一部心理学著作中写道：有些人总是企图表现自己的废寝忘食，其实他内心隐藏着本质上的怠惰。他对工作缺乏关心和兴趣，只是害怕遭受非难和惩罚，才陷入战战兢兢的状态中。倘若受不了连续的紧张，

为了消除这种不安，他就会采取一种期待赞赏的行动。

只要人在办公室就是在工作吗？只要在工作就是勤奋上进吗？只要这样做就一定会得到赏识？其实不然。一个人是否积极上进，考核的标准至少有三点：工作态度、工作效率、总工作量。在同样的环境下，你对工作要比别人更热情、更主动；做同样一件事，你的完成速度和工作质量要优于其他人；在同样的时间里，你所做的事要比别人多。

加班了，未必就是勤奋了，有可能是白天不积极、晚上开夜车；早来了，未必就在工作，可能是在上网聊天、逛论坛，或者是做给老板看。这样的勤奋，只是形式上的勤奋，并没有从实质上得到任何的提升，如让自己变得更优秀，让工作变得更出色。

如果你的勤奋并没有给你带来预期的结果，那么你需要思考几个问题：我在工作中浪费时间了吗？我认真地去做每一件事了吗？同样的工作，其他同事能在上班时间完成吗？

如果别人只用1小时就完成的事，你却要用3小时，那说明你不是真正的勤奋，而是效率低。在这种情况下，你该反思自己究竟是能力有问题，还是工作方式不对？能力不足的话，要考虑通过学习去提升，或是调换岗位；工作方式不对，要善于观察，看比自己优秀的同事是如何统筹计划、节省时间的，有效地掌握一些技巧。

如果你比其他人在相同的时间里完成了更多的工作，还能主动多分担一些，那说明你是一个真正勤奋的员工。任何老板都喜欢这样的人才，所以你要继续保持，加薪晋升是迟早的事。当然，在勤奋之余也要注意劳逸结合，当一切事务都已出色完成，那就不必强留在办公室里加班，劳逸结合才能走得更久远。

知道自己想要什么的人，比什么都想要的人更容易成功

美国一位心理学家说，现代人之所以活得那么累，心里很容易产生挫折感和焦虑感，是因为迷失和被淹没在各种目标中。简单来说，就是想的或想要的太多，而一时间又达不到目标，求而不得导致的痛苦。

其实，要破除这个魔咒也不难，两个字即可——专注。

不知大家有没有留意过一个现象：太阳普照着万物，可任它再怎么发光发热，也无法点燃地上的柴火；如果拿着一面小小的凸透镜，只要让一小束阳光长时间地聚集在某个点上，即使在最寒冷的冬天，也能把柴火点燃。

这说明什么呢？强大的力量分散在诸多方面，会变得丝毫不起眼；微弱的能量集中在一起，却能创造意想不到的奇迹。一个人的精力是有限的，把精力分散在好几件事情上，不是明智的选择，而是不切实际的考虑。即便是这样做了，那几件事情都不会做得太好。

你看，狮子追赶猎物的时候，就紧盯着前面的目标穷追不舍，就算身边出现其他的猎物，距离更近，它也不会更改目标。难道狮子的视野不开阔吗？难道它是不想获得更多的猎物吗？当然不是。狮子追赶猎物，不仅是速度的较量，还是体能的较量，只要盯紧一个目标，当猎物跑累了，很可能就成了狮子的美餐。如果狮子频繁更换目标，新猎物体

能充沛，跑得更快、更久，狮子迟早会因疲惫不堪而放弃，到时候一无所获。

1991年美国独立日的那个周末，巴菲特与盖茨见面了。

对于两位巨人的第一次会面，很多人都在仔细观察。他们是《福布斯》财富榜上争相被人比较的对象，且在某些方面很相似，比如遇到不热衷的话题，都会尽量选择结束。然而，会话进行了几分钟后，两个人竟完全进入了深入交流的状态，他们从花园来到海滩，根本没有注意到身后随行的人，包括一些举足轻重的人物。后来，还是盖茨的父亲提醒他们，说希望他们能够融入大家的这场派对，不要总是两个人说话。

一直到太阳落山，鸡尾酒会开始，巴菲特与盖茨的谈话还没有结束。盖茨之前过来时乘坐的飞机将在傍晚离开，但是飞机走了，盖茨却留了下来，他依然享受与巴菲特聊天的乐趣。晚餐时，盖茨的父亲问了大家一个问题：“人一生中最重要的是什么？”巴菲特的回答是“专注”，而盖茨的答案与之一样。

无论是巴菲特还是比尔·盖茨，都将人生的成就归结于“专注”。那么，何谓专注呢？

台湾著名剧作家、导演李国修，在年少时曾经抱怨过自己的父亲——台湾唯一会做京剧戏靴的人，他说：“你做了一辈子鞋，也没见你发财。”就是这句话，李国修惹来了一顿痛骂：“你爸爸我从16岁开始做学徒，就靠着这一双手，你们五个孩子长大到今天，哪一个少吃一顿饭，少穿一件衣裳？人一辈子只要做好一件事，就算功德圆满。”

我们不求像巴菲特和盖茨那样，成为千万人瞩目的名人，我们只要问问自己的内心：我真正想要的是什么？什么才是我人生中最主要的？找到那个最想要、最适合自己的目标，将其他的目标删掉，不再三心二意、不再朝秦暮楚、不再站这山望那山高，就足以告别平庸，出类拔萃了。

知道自己想要什么的人，永远比什么都想要的人，更容易成功。

说原则上同意的人，并没有付诸行动的意思

这个笑话想必你也听过：有个人隔三差五就到教堂祈祷，且祷告词几乎每次都相同。

第一次他到教堂时，跪在圣坛之前，虔诚地低语：“上帝啊，念在我多年来敬畏您的份上，让我中一次彩票吧！阿门！”

几天后，他又垂头丧气地回到教堂，跪着祈祷说：“上帝啊，为何不让我中彩票？我愿意更谦卑地服侍您，求您让我中一次彩票吧！阿门！”

又过了几天，他再次出现在教堂，同样重复着祈祷。如此周而复始，不断地祈求着。最后一次，他跪着说：“我的上帝，为何您不垂听我的祈求？让我中一次彩票吧！只要一次，让我解决所有困难，我愿终身奉献，专心侍奉您……”

就在这时，圣坛上发出一阵庄严的声音：“我一直在垂听你的祷告，可最起码你也应该先去买一张彩票吧！”

英国前首相本杰明·笛斯瑞利说过：“虽然行动不一定能带来令人满意的结果，但不采取行动就绝无满意的结果可言。”美好的结果，无疑都是从行动中获得的，好的计划必须得像敲钉子一样落实，才能出成效。执行是最基本、最本质的东西，没有切实可行的实践，再好的想法

也是一只空瘪的麻袋，不管你怎么扶持它，都会软趴趴地待在地上。

一位华北地区的商人，在国内倒卖矿石发了家，后又向银行贷了一大笔款，毅然去了华盛顿，希望能将生意做得更大。他在自己租下的一间豪华寓所里招待了一位老友，滔滔不绝地讲述他的生意经和未来的理想。

他的畅想很美好："我来美国之前，已经在大连的仓库里存了一批货；在我总公司那边，也有一批花色品种齐全的商品，我准备把中国鲜花运到美国，占领市场，让美国人见识一下中国的花卉；我抵押了在上海的几套房子，贷款所得全部投入在美国的新生意；我还打算在这里开一家证券公司，赚上一大笔钱，然后就等着享清福了。"

朋友听后，惊讶地问道："这些想法听上去都不错，你有具体的计划吗？有可行性报告和相关的步骤吗？"商人似乎并未听进去朋友的话，他接着说："你知道吗？高级工艺品在中国很有市场，我想把印度的水工艺品带到中国，再把景德瓷器带到欧洲……只要让钱转起来，不管经济形势怎么变，我都有钱可赚。"

说这话时，商人的眼睛透着光芒，好像憧憬的一切就摆在眼前。朋友不再回应，他深知：如果梦想没有切实可行的计划，无法付诸于行动，那么说得再有诱惑力，情绪再激昂，除了给房间的空气造成一些波动外，没有任何意义。

只有行动才能产生结果，任何伟大的目标、伟大的计划，最终必须落到行动上才能实现。毛泽东在著名的《实践论》中说道："你要知道梨子的滋味，就得亲口尝一尝。"同样，在现实生活中，你要想获得人生的智慧与财富，就要亲自去实践，去行动。

千里之行，始于足下。扪心自问：有多少想法，多少梦想，多少打算，都被你束之高阁了？把“行动”的信条牢记于心，从早上睁开眼的那一刻起，就提醒自己要行动起来。假以时日，你会发现，整个人都会充满热情与活力。在你不断尝试、不断行动之后，你所拥有的是一种让人生变得高效的习惯。

越把失败当回事的人，越是容易遭遇失败

人生是怎样的一种经历？借用俄国作家车尔尼雪夫斯基的一番话来回答这个问题最为恰当："历史的道路不是涅瓦大街上的人行道，它完全是在田野中前进的，有时穿越尘埃，有时穿越泥泞，有时横渡沼泽，有时行经丛林。"

墨菲定律告诉我们，无论是出于主观因素还是客观因素，人都是会犯错的，失败和挫折是不可避免的产物。从这个意义上来讲，没有谁比谁幸运，现实总是充满坎坷的，关键是面对这道坎儿的时候，你是一种什么样的态度？

这件事发生在日本某公司的一次招聘中。一个平日成绩优异、从未有过失败经历的年轻大学生，由于没有被录取而自杀。三天后，当企业负责人查询电脑资料时，意外地发现，那个自杀的应聘者各方面成绩和表现都很好，只是由于电脑的失误，才致使他被淘汰。

此事一经爆料，各界议论纷纷，有叹息声，有感慨声，但更多的是反思。一个经不起失败、经不起考验的人，将来如何迎接比面试更加残酷的竞争？如何去承受比面试失败更糟糕的情形？就算他成绩优异，各方面才能突出，这种不堪一击的心理素质，也注定会成为他人生中的拦路虎，一旦遇到风吹草动，他立刻就会怀疑自己，选择认输。

退一步说，就算是真的失败了，又怎样呢？那不过代表暂时没有成功，并不意味着你不够优秀，你比别人差，也许是各方面机缘条件的巧合，也许是你的情况暂时不符合需求，仅此而已。一朝被蛇咬，十年怕井绳，你心里过不去这个坎儿，屈从于现状，受制于情绪，承认了未来的你也会跟此时此刻一样，不会有任何的改变和进步，那才是彻底输了。因为，你的认输意味着你不仅否定了现在的自己，也否定了将来的自己。

拿破仑·希尔曾经这样解释过人生的逆境："那种经常被视为是失败的事，只不过是暂时性的挫折而已。还有，这种暂时性的挫折实际上就是一种幸福，因为它会使我们振作起来，调整我们的努力方向，使我们向着不同但更美好的方向前进。"

任何一个成功者，他们的成功都不是与生俱来的，他们能够取得成功的最重要原因就是开发了自己无穷无尽的潜能。当你遭遇失败、听到否定之声的时候，不要让它们变成你思维里的一堵"墙"，你应该相信这不过是一次意外或是考验，此时此刻的境遇决定不了你的未来，你身体里蕴藏着的才气、能力和创造力，远比你已经表现出来的要多得多。

摆正心态后，认真地反思一下不足，并相信自己可以通过努力去弥补这些空白。一旦你对自己的能力产生了肯定的想法，你的潜能很快就会被激发出来，而你也会因此获得一个好的结果。谨记，成功这件事不怕万人阻挡，就怕你自己投降！

认定了一件事不值得去做，就不可能做好

伦纳德·伯恩斯坦是世界有名的指挥家，可他最喜欢的事却是作曲。伯恩斯坦年轻时师从美国知名作曲家柯普兰，学习作曲附带学习指挥。他很有创作天赋，曾经写出了一系列出色的作品，几乎成了美洲大陆的又一位作曲大师。

就在伯恩斯坦正发挥着作曲天赋时，他的指挥才能被纽约爱乐乐团的指挥发现，力荐他担任该乐团的常任指挥。伯恩斯坦一举成名，在近30年的指挥生涯里，他几乎成了纽约爱乐乐团的名片。

功成名就是不是让伯恩斯坦很有价值感？不，在他内心深处，依然更热衷于作曲。闲着的时候，他总要把自己关在房间里作曲，可是作曲的灵感已经很难回到他身边了，除了偶尔闪现的灵光以外，多数时候他感受到的都是苦闷和失望。因为在他内心深处，有一个声音始终在折磨着他：“我

喜欢创作，可我却在做指挥！”

伯恩斯坦的这种心理，其实就是陷入了墨菲定律中，即从主观上认定某件事是不值得做的，那么在做这件事时，就不会全力以赴把它做好，总是抱着冷嘲热讽、敷衍了事的态度。即便是做好了，也不会有太多的成就感。

这就告诉我们，一定要选择自己认为值得去做的事情，这样才能让你变得愈发能干，得到心智和能力上的提升。那么，如何判断一件事情是否值得做呢？通常来说，一件事值得做与否，取决于三个因素：

第一，价值观。只有符合我们价值观的事情，我们才会满心欢喜地去做。

第二，个性和气质。如果做一份违背我们个性和气质的工作，往往是很难做好的，这就好比自己明明很内向、很害羞、不善于沟通，却非要去做销售或公关，肯定是很难受的。

第三，现实的处境。同样的一件事，在不同的处境下去做，感受也不一样。如果你在一家大企业做勤杂工，你可能认为是不值得的，可当你被提升为后勤部主任时，你就不会这么想了，反倒会觉得很值得做。

不过，理想总是丰满的，现实有时却很骨感。当我们不得不去做一些不喜欢的工作时，最好的处理方式就是调节心态，把它当成值得做的事情去做。

越是贪图快速的，就越会花更多的时间

几何中有一个公理：两点之间直线最短。很多人都记住了这句话，可在现实中却屡屡碰壁，因为从自己这个点，到目标那个点，在90%的情况下都是无法直线抵达的。更令人费解的是，你越是想走捷径，不仅不能快速到达，反而会花费更多的时间。

几位驴友一起上山游玩，下山的时候，面前出现一条羊肠小路，像是山民经常走的近路。大家都很兴奋，决定沿着这条路下去，因为顺着这条小路，就能看到山下的停车场，直线距离看起来非常近。

大家顺着这条路往山下走，可还没走多远，眼前就出现了一道断崖，而捷径在此一拐，伸向了远处的一座小山村。大家一筹莫展，决定先向山村方向走，中途再踏上另外一条小路。计划得很好，但走着走着，他们就迷路了，被困在峭壁悬崖边无法下山，只好报警。

当救助人员感到现场时，他们已经被困六小时，冻得抱在一起发抖。等他们被领到停车场的时候，已经是凌晨了。其实，他们如果按照原路返回的话，在太阳落山前就可以到停车场。

人人都希望能走捷径，哪怕吃了亏，也难以改变这一欲望。这是人类的惰性和自作聪明使然，尤其是在这个讲究效益和速度的时代，人们更是比过去更渴望快速抵达目的地。但现实一次次地警告我们，越是贪

图快速的，花费的时间越多。

在追求理想和成功的过程中，也总有人想要走捷径、抄近路、挣快钱。看到同领域的一些精英式人物，内心迫不及待想达到那样的高度。越是着急，越是对眼下所做的事、所处的境遇感到不满，总想跳过各种环节，一跃爬到“顶峰”。在这家公司未能得到想要的，就觉得一定是环境的问题，立马转战到别处。结果事与愿违，周折半天什么东西也没学到，几年下来还是一无所成。

殊不知，无论做人还是做事，都需要积累经验，步步为营。越是急功近利，越会事与愿违。所有的成长和成功，都如同中药和老汤，需要一个时辰一个时辰慢慢熬。

40年前，赫伯特·西蒙和威廉·蔡斯在研究专业知识方面得出一个著名结论：“国际象棋是没有速成专家的，当然也没有速成的高手或者大师。目前所有大师级别的棋手都花了至少10年的时间在国际象棋上投入了大量精力，无一例外。我们可以非常粗略地估计，一个国际象棋大师可能花了1万至5万小时盯着棋盘……”

西蒙和蔡斯的论文发表后，心理学家约翰·海斯研究了76位著名的古典乐作曲家，发现绝大多数人在写出自己最优秀的作品之前，都花了至少10年的时间谱曲；速度稍快一点的是肖斯塔科维奇和帕格尼尼，用了9年的时间；花费时间最少的是埃里克·萨蒂，但也用了8年的光景。

成功，没你想的那么容易，要沉下心慢慢熬。盲目地走捷径，只会踏上弯路。当你选对了方向，并真的有了1万小时的锤炼，纵然成不了大师巨匠，也会成为一个全新的自己，看到前所未有的成绩。

最好的游戏分数，一定是你独自玩的时候得到的

很多人都有过这样的经历：玩游戏的时候，最好的分数，通常都是一个人玩的时候得到的，下一次想跟别人展示一下，却怎么也得不到那个分数了。不只是游戏，打高尔夫、花样篮球等，都逃不出这条墨菲定律，只是鲜少有人深究原因。

为什么会出现这样的情况呢？最主要的原因就是，一个人玩的时候没有其他干扰，可以专心致志、心无旁骛地做这件事。心理学研究也证实，当一个人高度专注于此时此地此事，就像被催眠一样，时空感觉变得扭曲，潜能也会得到开发。

你大概也有过这样的体验：当你对某件事极其感兴趣，坐下来连续学习或工作几个小时，却觉得只坐了一会儿，一点都不觉得疲倦，甚至到了废寝忘食的地步。这就是为何有人会说，只有偏执狂才能成功，因为足够专注。

有一位妇女，只读到小学四年级，连汉语表达意思都不太熟悉。女儿婚后去了美国，她想申请去美国工作。许多人都觉得很奇怪：一个没上过多少学的主妇，能去做什么呢？

她在申报表上所填的理由是——有技术特长。移民局官员看了她的申请表后，问她的“技术特长”是什么？她从包里拿出剪刀，轻巧地在一张彩纸上飞舞，不到3分钟，一组栩栩如生的动物图案就呈现在眼前。移民局官员连声称赞，她申请赴美的事很快就办妥了，引得旁边和她一起申请而遭到拒签的人一阵羡慕。

人生苦短，心无二用。比别人做得更好，不一定要靠聪明，但一定需要用功和专注。牢固的根基是怎么打下来的？就是靠不断地重复一件事，认真地重复一件事，而不是做了两三次觉得自己会了，就不再用心钻研；或是做一点觉得差不多了，就转头去做其他的了。

法国文豪莫泊桑刚开始写小说时，老师跟他讲，你别跟我学什么技巧，就到大街上坐着，你看着驾车的马车夫，专门盯着一位。如果你能把马车夫描述得和其他马车夫不一样，那你的写作就算过关了。这番话的意思很明显，就是在说：锁定了一个目标后，要专注于它，一遍一遍地重复，不厌其烦。

选定了一个方向、一条路，就要持之以恒地走下去，把事情做细、做精，力求成为这一领域内的“专家”。中国首富之一陈天桥就曾说过："成功的人在很大程度上都是'偏执狂'，他们如果看准了一件事，就会一直坚持干下去，不会轻易放弃也不会轻易改变方向，直到有所收获。"

在社会分工越来越细的时代，没有谁能够做到样样精通，唯有专注于一行一职，才更容易做出成绩。对绝大多数人来说，想法太多、目标分散、左顾右盼，是最大的诟病。这个时代需要的人才，当有心无旁骛的信仰，以及十年磨一剑的专注精神；唯有把全部的精力、时间和所能调动的一切资源，投入到所做的事情中，才有可能创造出成绩。

那些容易做出的改变，往往越变越糟

看了一些书籍，听了一些忠告，意识到了自己存在某些不良心态，也很想去做出改变。可真到了改变的时候，却发现那些让自己变好的选择，做起来是那么别扭、那么难受；而那些会让自己变得更糟的选择，接受起来却容易得多。

举个例子，一个人喜欢独处，害怕与人交往。原来，他每周有5小时的时间对外交际，现在，你让他把这个时间改为10小时，他会觉得很难受，因为要面对未知的5小时，他不确定会发生什么，不确定自己能否应对。可是，如果你要把5小时改成3小时，他会很顺利地适应这一改变。然而，这样做的结果，会让他变得更加孤僻。

这是什么心理在作怪？其实，就是人类趋乐避苦的本能。

每个人都会有意或无意地贪恋心理舒适区。这是让人感到熟悉、驾轻就熟的心理状态。当我们面临新的挑战时，需要做出的改变超出了原来的模式，内心就会从原本熟悉、舒适的区域进入到紧张、担忧甚至恐惧的"压力区"。在"压力区"面前，人往往会退缩，如果只在心理舒适区内做改变，就比较好接受。

然而，墨菲定律提醒我们，抵制改变的人不免要走下坡路。在生命的开始，婴儿虽然不断跌倒，也仍要从襁褓中爬出来探索世界。走出心理舒适区，不断成长是每个人生命的本能。生活一直在经历变化，没有永恒的避风港，我们能依靠的只能是不断提高自己适应变化的能力。

心理舒适区本身没什么问题，我们都希望自己保持一个轻松的状态。可有时我们会发现，如果不走出心理舒适区的话，我们会被困在一个已经不愿意再待在其中的情境中。比如，待在一段习惯了却毫无爱意的关系中，做着一份习惯了却找不到价值感和成就感的工作，保持着一个已经养成了却在降低我们生活品质的习惯……这些都需要我们突破心理的舒适区，否则的话，就会让我们的生活质量不断下滑。

至于如何扩大心理舒适区，方法很多，重在实践。比如，改变一个你长期以来都想改变的习惯，或是尝试一个你从未尝试过的东西；每天做点不一样的事情，无论大小，从改变中找到新视角，哪怕它是负面的也没关系。

走出心理舒适区需要很大勇气，慢慢开始和坚持地去做，就会有收获。记住，关键就在于，你得真的去做，督促自己越过那道什么都不做的坎儿。

有的人还要给他更多，没有的人连他有的也要夺走

《圣经·马太福音》中有这样一则经文：

从前，一个国王要出门远行，临行前叫了仆人来，把他的家业交给他们，依照各人的才干给他们银子。一个给了五千，一个给了二千，一个给了一千，之后他们就出发了。

那个领五千的仆人，把钱拿去做买卖，另外赚了五千。那领二千的仆人，也照样另赚了二千。但那领一千的仆人，去掘开地，把主人的银子埋藏了。

过了许久，国王远行回来，和他们算账。那领五千银子的仆人，又带着那另外的五千来，说："国王，你交给我五千银子，请看，我又赚了五千。"国王说："好，你这又善良又忠心的仆人。你在不多的事上有忠心，我把许多事派你管理。"

那领二千的仆人也说："国王，你交给我二千银子，请看，我又赚了二千。"国王说："好，你这又良善又忠心的仆人。"

那领一千的仆人说："国王，我知道你是严厉的人，没有种的地方要收割，没有散的地方要聚敛。所以，我就把你给的一千银子埋藏在地里。请看，你的原银在这里。"

国王回答说："你这又恶又懒的仆人，你既知道我没有种的地方要

收割，没有散的地方要聚敛。就应当把我的银子放给兑换银钱的人，到我回来的时候，可以连本带利收回。”于是，夺过他的一千银子，给了那有一万的仆人。

我们的理想社会法则是，减去有余的并且补上不足的。但是，世俗经济的社会法则，却遵守这样的墨菲定律：凡是有的，还要给他更多；凡是没有的，连他所有的也要夺过来。

后来，美国科学史研究者罗伯特·莫顿就给这种现象起了一个专业术语，叫作“马太效应”。他指出：“相对于那些不知名的研究者，声名显赫的科学家通常能够得到更多的声望，即使他们的成就是相似的。同样地，在一个项目上，声誉通常给予那些已经出名的研究者。”这可谓是，强者越强，弱者越弱。一个人如果获得了成功，什么好事都会找到他头上。

懂得了这一条墨菲定律，我们就要将其为自己所用。

在强者愈强的现实之下，弱者想要进入强者之林，就要有一个好的战略策划。在目标领域有强大对手的情况下，则要另辟蹊径，找准对手的弱项和自己的强项，确定自己的核心竞争力，在最短的时间内，集中最大的力量，在目标领域迅速做大，并不断地保持这一优势。

一切太过顺利的话，好日子就快到头了

谁都渴望生活能一帆风顺，没什么阻拦。可真有那么一天的话，也未必是好事。当你发现某件事情进展得过于顺利时，先别急着窃喜。很有可能，你忽略了潜在的“炸弹”，一不留神就可能伤了自己，毁了全局。

美国是人类历史上太空成就最多的国家，这一点没有人会质疑。翻看美国的航空史，我们也能证实这一点：从1958年成功发射第一颗人造卫星，到1969年首次把2名宇航员送上月球并安全返回，几十年来美国在航天方面创造了众多的历史记录，可谓一帆风顺。

拥有这样的航天史，美国人当然是自豪的。然而，就当美国人沉浸在喜悦中时，他们怎么也不会想到，1986年1月28日，当所有的事情都朝着一个方向顺利进行时，墨菲定律悄无声息地找上了门。

“挑战者”号航天飞机在升空73秒

后爆炸，7名宇航员全部罹难。这次空难给了美国人沉痛的一击，也让我们记住了这个教训。此后，美国宇航局暂停了航天飞机发射任务，直到1998年才再次踏上正轨。

美国的航天事业再次有了新的成就，又创造了很多的世界纪录。一切看起来又是那么美好的时候，墨菲定律再次降临。2003年“哥伦比亚”号将“挑战者”号的悲剧再度重演，在返回地面的过程中解体，7名宇航员全部罹难。

任何事情的发展都会遇到一些问题，由于前期的计划比较周密，行事也比较谨慎，这些问题就会弱化了。在事情的进展没有因为这些细枝末节而受到影响时，人们就逐渐忽略了这些隐藏的问题。然而，弱化不等于不存在。终于有一天，它又开始印证“只要有可能出错，就一定会出错”的定律，酿成大祸，人们才后悔莫及。

生活也是一样，就算你足够幸运，也不要沉浸在成功的喜悦和顺风顺水的境遇里，对小问题视而不见。也许，今天看起来一切还好好的，很有可能，明天好日子就到头了。凡事只有居安思危、常备不懈，才能避免功败垂成的情况发生。

每个人都打算做事，但做的往往都不是当初打算的事

你有理想吗？被问及这件事，很多人都会遥想当年，青春年少时谁还没点儿理想呀！可目睹当下，却早已经跟那个理想距离十万八千里了。于是，有句调侃的话开始在人群中盛行起来："别跟我谈理想，戒了。"我们不知道，这到底是一种对生活的绝望，还是对自我的嘲讽？是真的不相信理想了？还是只想展示一下在现实的摧残下自己受过的伤痛？

墨菲定律里也说过，每个人都打算做事，也都做了，但没有几个人做的是他当初打算做的事。最初是为了理想而忙碌，到后来因为忙碌竟忘了为什么而出发。想来，这也是挺悲哀的一件事呢！

戒掉理想的生活是什么样的？肉体虽然活着，但灵魂却死了。只是毫无目标地随波逐流，既没有固定的方向，也不知道停靠在何方，在浑浑噩噩中虚度了宝贵的光阴，荒废了青春的岁月；在做任何事时都不知道其意义的所在，只是被挟裹在拥挤的人流中被动前进。

有人说，傻瓜是快乐的猪，而智者则是痛苦的苏格拉底。如果这个说法成立的话，那么没有理想却活着的人就是痛苦的猪，因为痛苦的苏格拉底找到了令他痛苦的根源，而快乐的猪仅仅意识到自己只是头猪。苏格拉底为此而快乐，而猪却痛苦了。

理想就是这样一种东西，虽然我们因为它的存在而痛苦，却能在垂死挣扎的时候发现其中的乐趣并怡然自得。而那些没有理想的人，自认为很潇洒很快乐，却最终发现活着着实没有意思。

拿破仑在全盛时期几乎统治了半个地球，战败后被囚禁在一座小岛上，感到烦闷痛苦，难以排遣，他说："我可以战胜无数的敌人，却无法战胜自己的心。"他就像一头受困的雄狮，纵然可以困兽犹斗，却没有了壮志雄心，一个人没了理想和抱负，锁住他的不再是牢笼而是那颗失去斗志的心。

人可以没有美好的生活，但不能没有美好的理想。无论这个理想是大是小，是俗是雅，都是心中最崇高的向往。就像纪伯伦所说："我宁可做人类中有梦想和有完成梦想的愿望的、最渺小的人，而不愿做一个最伟大的、无梦想、无愿望的人——我们都拥有自己不了解的能力和机会，都有可能做到未曾梦想的事情。"

篇 7

婚恋：
走出情感的迷雾，爱不失理智

越是心心念的东西，越是得不到想要的结果

有时想想，生活真的挺有意思：你越是怕什么，它越是来什么；你越是想要什么，它越让你得不到。仅仅得不到还算是眷顾你，搞不好还会弄巧成拙，差错不断。

是不是生活故意刁难人？当然不是，问题依旧在人心。

回想过往的经历，你一定有过这样的体会：太渴望得到某件东西了，导致心态发生了偏颇，没有办法平和地面对得失，做事屡屡出纰漏。最后呢？自然没有得到自己想要的结果。

人总是注意到自己失去的东西。有些人特别渴望身体健康，结果却疾病缠身；有些人想早点生孩子，可偏偏不能生育。事实上，人之所以有这样的渴望，就是他们已经在不知不觉中意识到了自己不健康或生育能力存在问题，所以才越发关注，越发渴望。这样的心理很普遍，涉及的领域也很广泛，比如恋爱、婚姻、家庭、职场等。对于自己拥有的东西，人们往往不屑一顾，对那些失之交臂的东西，却总是格外在意。

对于“要什么，不来什么”的情况，我们还要提一提“好奇心理”。

古希腊神话里讲到，宙斯给一个名叫潘多拉的女孩一个盒子，告诉

她绝对不能打开。

为什么不能打开？还绝对不可以做这件事？难道里面是稀世珍宝？潘多拉越想越好奇，也越发想知道真相。憋了一段时间后，她终于把这个盒子打开了。没想到，盒子里装的是人类的全部罪恶，它们通通跑到了人间。

心理学上把这种“不禁不为、越禁越为”的现象，称为“潘多拉效应”。大量的经典研究表明，探究周围世界的未知事物，是人类普遍的行为反应。对一件事物不说明原因的简单禁止，会让这件事有区别于其他事物的特殊吸引力，让人自然地把更多的注意转移到这件事上。

通俗地讲，人们对于那些越是得不到的东西，就越是想得到；越是不好接触的东西，就越觉得有吸引力；越是不让知道的东西，就越想知道。明白了这个原因之后，但愿我们能活得轻松一点，把一些东西的得失看淡一点。更何况，有太多的结果都在提醒我们：那些你心心念的、自认为“好”的东西，也未必真有那么好，不过是没有得到的不甘罢了。

你爱上一个人是因为，他/她让你想起了旧情人

当一个你很喜欢的人，彻底淡出了你的世界，是否从此就与你再无瓜葛了？看起来应该是这样的，因为你再也看不到他/她的身影，听不到他/她的声音，但墨菲定律告诉我们：事情没有表面看上去那么简单！

澳大利亚的一个社会研究机构，曾经发布了一组数据，结果表明：几乎95%的人都会受到旧爱的影响，且这种影响波及的面很广，从生活习惯到思维方式，从饮食爱好到灵魂状态，真的是无处不在、刻骨铭心。

你跟前任相处的时候，会养成一些跟前任一样的习惯，当你的那个他/她没有出现时，你的习惯还在，于是就不自觉地用被前任影响过的观点去寻找下一个他/她。当你遇到了一个符合那些习惯的人，你就觉得自己爱上了他/她。

有人在衡量下一个交往对象的时候，沿用前任的标准。比如，要有前任具备的优点，但没有前任身上的缺点。所以说，要进行一次新的恋爱，就不可避免地会跟旧爱扯上联系。

如果是第一次恋爱的人？同样，这个"旧情人"也存在，他可能是你从前暗暗喜欢过的，也可能是梦中情人。也许，他/她不是最好的，但却是自己最想要的。如果有人说自己对某个人一见钟情了，那么这个人肯定符合他梦中情人的一些完美特质。

总相信最好的还在前面，结果好的都被人捡走了

在爱情这件事上，每个人都希望能够找到一个最为理想的伴侣，不会悲催地跟一个普通人相爱相守。于是，就不断地往前走，不断地寻找。直到某一天，蓦然回首，才发现那些好的男人、女人都被人捡走了，而自己还没有找到合适的另一半。

那么，在择偶这件事上，有没有“最优解”呢？两千多年前，哲学大师苏格拉底的三个弟子，就曾经为此问题向他求教。然而，苏格拉底没有直接给出回答，而是带着他们去了一块麦田地，让他们依次穿过麦田，并在穿行的过程中摘取一株最大的麦穗。要求只有一个：不能走回头路，只能摘取一株。

第一个弟子刚在麦田中走了几步，就看见一株饱满的大麦穗，他心里很得意，以为自己是最幸运的人，毫不犹豫地就摘了。他接着往前走，可这一走就后悔了，前面竟然还有很多比自己刚刚摘的那株还大的。他满心遗憾，想着若能重新选择一次该有多好？

第二个弟子吸取了前面那位师兄的教训，他告诫自己：一定得沉得住气，千万不能犯他那样的错。一路上，他左顾右盼，东挑西拣，就为了寻找“最大”的麦穗。每次刚看到一株大点的麦穗，他就提醒自己：沉住气！后面可能还有更好的！可当他走到麦田的田边时才发现，前面

几个“最大”的麦穗已经错过了，靠近地头的麦穗，长得都比较干瘪，他只好将就着摘了一株，虽然那不是他见过的最饱满的一株。

有了前面两位师兄的失败案例，第三个弟子可谓是在心理上做了充分的准备。他是这样想的：把整个麦田分为三部分，把前1/3的麦田的麦穗分为大、中、小三类；在中间1/3麦田里对前面所分的类别进行验证；在最后1/3麦田里下手，摘取属于大类中最好的麦穗，虽然它不一定是麦田中最大最金黄的那一株，但迫于规则的限制，他已经尽可能争取到最好的结果了。最后，第三个弟子满意地走完了全程，也摘了一株相对饱满的麦穗。

对于择偶这个问题，苏格拉底给出的回答真是让人回味无穷。细想想，人生就跟穿越麦田一样，没有回头路，要知道“最好”的那株麦穗，总得付出一番努力。下手太早了，一进麦田就迫不及待地摘下一株看似很好的麦穗，可越往后面走，才发现其他的麦穗更饱满，而自己却没有了再摘取的机会，徒留遗憾。考虑得太多，总埋怨遇见的麦穗不够好，希冀着更好的，到头来却发现可选择的越来越少，最后只好将就一株来充数，心里尽是不满和郁闷。

这就是西方择偶观里一条非常著名的理论——麦穗理论：我们寻找人生另一半的过程就如同走进一块麦田，在穿过麦田的途中会有许多的麦穗吸引我们，致使我们挑花眼，不知哪一株才是真正适合自己的，自己应该摘取哪一株，因而就会感到迷茫，也会有遗憾和悲伤。

从经济学的角度来讲，任何问题都没有最优解，择偶也一样，只有最满意解或相对满意解。人人都想找到最佳伴侣，但现实和理想有差距，就好像摘麦穗一样，你摘下了一株，肯定还会遇见更饱满的麦穗，

这是必然存在的。

为了避免出现墨菲定律中的结果，我们在寻找伴侣的时候，不妨把择偶的目标定得现实一点，毕竟不是每个人都是王子和公主，世上本就没有完美的人。我们不妨看看第三个弟子的选择，他选的麦穗也不是麦田里最大最好的那一株，但却是他比较满意的。和我们共度余生的那个人，很可能也不是人群中最出众的，但只要他是你喜欢的，你满意的，就足够了。

对方当初吸引你的品质，多年后就会变成你无法容忍的

爱情是一件很美妙的事，但里面也藏着许多令人费解的难题。

当初，两个人爱得真切，彼此都是对方眼中最好的，再多的言语也表达不出内心炽热的爱意。然而，随着时光流转，当年那个帅气逼人的小伙变成了家里的顶梁柱，那个天真烂漫的女孩成了操持家务的主妇，两人的感情却在不知不觉中发生了变化。多年前，彼此认为对方身上最美好的那些品质，竟然渐渐地变得令人无法忍受。

美国加州大学的社会学家黛安·菲尔姆丽，一直潜心研究两性关系。早在20世纪80年代，她就意识到了夫妻之间存在这样的问题。在一次聚会上，她和一些女性朋友谈到了两性关系的话题。一位女士向她抱怨，丈夫周末都不在家陪她。菲尔姆丽问她，最初她看上了丈夫的哪一点特质？那位女士说，她和丈夫高中时期就相恋了，当时最喜欢丈夫的上进和很有事业心。有趣的是，另一位女士诉苦说，她的男友从来不与她分享自己的感受，在菲尔姆丽的询问下，得知最初她喜欢的就是男朋友的深沉气息。

这些事实，都印证了墨菲定律的正确性。之后，菲尔姆丽还进行了一系列的调查，询问那些感情出现危机的情侣或夫妻，对方最初吸引他们的特质是什么，以及情感危机的源头是什么？大量的数据表明，无论

是恋人还是已经分手的情侣，对方最初吸引他们的特点，逐渐都会变成他们讨厌的特质。比如，一开始女性欣赏另一半的幽默，可时间久了，又感叹对方不够沉稳，什么事情都像是在开玩笑。

心理学上有一个词语叫“快乐逆转”，说的是原本不快乐的事情，经过反复的体验就变成了一种享受。这样的情况，很多人都体验过。关于上述的这个问题，我们不妨将其视为快乐逆转的反面，也就是那些原本愉快的情绪，反复体验多了就成了一种厌恶。

还有一点，在热恋的阶段，容易出现光环效应，因为喜欢而觉得对方处处都好。当激情退却后，有些行为就不再有光环了，而变得令人难以忍受。同时，在恋爱时期，彼此都很在意自己在对方心中的形象，也会刻意地掩盖一些小缺点。当感情固定后，就开始肆无忌惮地暴露自己的缺点。心理学认为，这是社会过敏的情况，也就是一些最初不会引起什么反应的小问题，随着次数的积累，导致情绪集中爆发。

话说回来，人无完人，一个人的缺点也是他的一部分。如果爱一个人的话，就要接受他的全部，因为那才是真实而独特的他。

未完成的恋情，总比最终拥有的印象深刻

“我对你永难忘，我对你情意真，直到海枯石烂，难忘的初恋情人……”多年前，邓丽君的这首《难忘的初恋情人》红遍了大街小巷，让无数人在脑海里勾勒出昔年初恋情人的模样，引发他们对逝去爱情的深深怀念。

一位俊朗的青年，文笔出众，才华横溢。他在生活中也是个“讲究”的男人，不管什么时候到他的住所，永远都是干净整洁的，还能做一桌拿手的好饭菜。周围不少女孩都青睐于他，纷纷展开追求。可任她们如何献殷勤，如何展现温柔体贴，他都不为所动，而后委婉地拒绝。

他不是不想恋爱，而是过不了心理上的那一关。原来，他在大学期间的初恋女友，因车祸去世，这件事给他的打击太大了，他根本接受不了。如今，那件事已经过去十年。可在他心里，谁也无法跟那个离开人世的女友相提并论，他总在想：“如果她还活着，我们……”

溜掉的鱼儿总是最美的，错过的电影总是最好看的，得不到的恋人总是最难忘的。很多人在为他的痴情所感动的同时，也不禁在想：他的故事虽是个案，但像他一样始终忘不掉错过的旧爱的人，却不计其数。

西方心理学家契可尼通过试验，给出这样的答案：一般人们对已完成的、已有结果的事情极易忘怀，而对中断了的、未完成的、未达目标

的事情却总是记忆犹新。这种现象就叫做“契可尼效应”。

很多人的初恋都没能开花结果，成为上面所说的“未能完成的”“中断了的”的事情，结果深深地印在了人们的脑海，终生难以忘却。因为没有真实地体会到那种得到的感受，就把没有得到的东西完美化，无限地扩大他们的美好。事实上，他们的很多“好”，都是我们人为想象出来的，因为没有得到，可以想象的空间是无限的，你可以预计无数种可能，所以他们才必然是美好的。

除了爱情，生活中还有很多类似符合契可尼效应的现象。比如，买衣服时你原本看好了的那一件，被别人抢先买走了，而那又是限量版，你心里可能会很失落，纵然店家另外给你推荐再好的、再漂亮的、再优惠的，你都没心思看；两样东西让你只能选择一个，不管选了哪个，回去之后你都会不自觉地想起另外一个，总觉得有那么点“遗憾”，因为你没得到它。

越是得不到，越是想得到，这是人普遍都存在的心理。似乎，所有的美好都在“山那边”，身在近处，想念远处；身在此岸，向往彼岸。然而，那些我们千方百计想要得到的，甚至费尽心力终于得到的，真有那么好吗？

这不禁让我想起一个故事：动物园里，饲养员喂猴子时，不把食物放在它们够得着的地方，而是放进树洞里。猴子们想尽办法去“够”树洞里的食物，最后学会了用树枝把食物从树洞里弄出来。饲养员说，那些其实并不是什么好东西。

我们常常忽视身边的东西，唯有那些和自己有点距离的，需要踮起脚尖才能够到的，甚至望尘莫及的，才让我们心动不已。殊不知，得不到的也未必就那么好，摆在自己眼前的也未必有那么不堪。可惜的是，如果只顾看着远方遥不可及的海市蜃楼，就会白白错过近在咫尺的良辰美景。

对于那些不可能得到的东西，别总想着变为可能。生命是有限的，为了想象中的完美事物浪费精力，放弃当下，实在太可惜。

爱是盲目的，婚姻就是撑起眼皮的小棍儿

哲学家卡布尔说："热恋中的女人没有眼睛。"

乍一听觉得有些绝对，但事实与此差不了多少。爱情始终是一个充满神秘色彩的东西，很容易让人丧失理智，尤其是处于"限于接吻"这个热恋期的特殊阶段。不过，盲目的也不只是女人，男人虽然表面看起来坚强，但内心也还是一个孩子，拥有一颗"赤子之心"的男人，在爱情面前也是瞎子和聋子。

恋爱会降低人的智商，这不是一句嘲讽的话，而是有科学依据的。研究发现，当人坠入情网时，体内会产生一种叫做血清胺的化学物质，这种物质会阻碍理智，让人无法意识到对方的缺点。不过，只在恋爱阶段有血清胺没什么用，人体有自我调节的能力，这种调节总是试图将机体调整到正常状态，所以血清胺在体内的浓度会逐渐降低。

一般来说，血清

胺的高峰只能持续半年至四年。多数情况下，两年就差不多了。当血清胺浓度降低了，理智就开始发挥作用了，而对方的缺点也不再被遮掩，陆陆续续就显现了。这就是为什么，很多人感慨：结婚前很好、很浪漫，结婚后却像变了一个人。

其实，那个看似变了的人，多数情况下都不是真的变了，而是他恢复成了自己最真实的样子，他不过是诚实地按照自身的化学反应来采取行动而已。

世界上没有免费的午餐，爱情也不例外

有一个年轻人爱上了一位姑娘，在强烈的追求下姑娘最终成了他的未婚妻。姑娘的生日快到了，年轻人想送她件礼物。到了商店，看到那些耀眼的钻石和珠宝，年轻人想象着它们戴在她身上的样子，但是那些东西太贵了，他根本买不起。后来，年轻人看到一个漂亮的花瓶，他觉得很适合自己的未婚妻，但它价格不菲，年轻人犹豫了。

商店的经理看出了年轻人的窘迫，他告诉年轻人，墙边有一大堆碎花瓶片，可以让人把这些碎片给他送过去，到时候装作失手摔落就行了。到了女孩生日那天，果真有个伙计去送“礼物”了，进门时还故作摔倒。当天所有的客人都看着这个盒子，打开后发现，那些碎花瓶片都是分开包装好的。年轻人顿时尴尬万分。

人们一般不愿意将男女的恋爱或婚姻进行成本分析，认为恋爱是一种纯洁的感情表达，而非理性计算的结果。但墨菲定律告诉我们，婚恋也是需要巨大的成本付出的，同时也会获得收益，大多数人都会在恋爱对象与恋爱方式的选择上自觉或不自觉地进行成本收益的权衡与比较。只不过，其成本收益已远远超出纯经济因素的考虑，还会考虑感情的痛苦与幸福、心理的折磨与愉悦，有的时候还会通过利他的行为来利己。

恋爱，首先要有合适的对象，如果还没有遇到合适的人，就需要花

点本钱去寻找，创造机会认识更多的人，这个成本不容忽视。人们追求的价值目标是用最少的成本投入，获得最高的收益，而不是相反。我们每个人都希望用最少的付出换取最多的爱。

一些人为了博得对方的好感，拼命地追求，花前月下、请客吃饭、跳舞看电影、送礼物等等，无不费时费力费钱，表面上看似乎付出的成本非常高昂，但是一旦马到成功，获取的收益也是同样高价值。所以很多人会固执地相信心中的希望，家人、朋友和自己的劝说都无法撼动，如此坚决的原因是总成本并未超过预期收益的标准，也就有了坚持下去的理由。

那些没有结果的爱情，恰恰是典型的收支不平衡。譬如，初入职场的女生恋上成熟稳重的上司，显然，对于已经有家室的男人来说年轻的女子更具魅力。但事实真的如此吗？年轻的女子身边的男人往往都比较年轻，难以帮他们分担生活的压力，而成熟的男人却可以从物质与感情方面给予她们双重的照顾，这种收益非常明显。

然而，如果要他们放弃自己现在的一切，而选择新的生活，他们往往会犹豫，这就又涉及到了沉没成本的问题。他们过去的付出就变成“沉没成本”，而新的生活是否可以抵消沉没成本带来的损失，实现收支平衡，谁也不敢肯定。

世界上没有免费的午餐，爱情也不例外。如果吝啬付出，就无法获得甜美的回报。如果你想获得美好的感情，那就开始这项有风险的投资吧，如果运用得当，你的收益一定比成本大得多！